# EVOLUTION EXPRESS

## 에볼루션 익스프레스

생명의 진화를 탐사하는 기나긴 항해

# EVOLUTION EXPRESS

## 에볼루션 익스프레스
생명의 진화를 탐사하는 기나긴 항해

조진호 글·그림 | 장대익 감수

위즈덤하우스

감수의 글

## 《에볼루션 익스프레스》, 잠들어 있던 비글호를 깨우다

"인류의 역사상 최고의 아이디어를 낸 사람 단 한 명을 고르라"면 당신은 누구를 택하겠는가? 중력의 법칙을 발견한 뉴턴? 지동설을 주장했던 갈릴레오? 상대성이론의 아인슈타인? 양자역학의 완성자이며 분자생물학의 씨앗을 뿌린 슈뢰딩거? 컴퓨터의 원리를 창조한 튜링? 물론 모두가 과학의 역사에서 변곡점을 만든 위대한 과학자들이다. 그런데 최고의 인지철학자 대니얼 데닛은 주저 없이 다윈을 꼽는다. "자연선택이라는 메커니즘을 도입해 의미와 목적이 없는 물질 영역과 의미, 목적, 그리고 설계가 있는 생명 영역을 통합시켰기 때문"이란다. 좋든 싫든, 그를 인류의 대표 과학자 목록에 넣는 데 반대할 사람은 그리 많지 않을 것이다.

다윈의 위상은 과학사에서만 높은 것이 아니다. 그의《종의 기원》은 마르크스의《자본론》, 프로이트의《꿈의 해석》과 함께 인류 지성사에 혁명적 변화를 몰고 온 3대 대표작으로 통한다. 이미 다윈은 과학자의 범주를 넘어 인류의 역사를 변화시킨 혁명적 사상가로 평가받고 있는 것이다. 심지어 어떤 역사가는 한술 더 뜬다. "지성계의 거두 다윈, 마르크스, 프로이트 중에서 유일하게 다윈만이 오늘까지 건재하다"고. 이것이 바로 전 세계의 지식인들이《종의 기원》이 출간되고 160년이 지난 이 시점에도 그를 칭송하는 이유다.

하지만 다윈은 "도저히 못 올라갈 나무"와 같은 뉴턴이나 아인슈타인과는 다르다. 그도 천재이긴 하지만 수학적이고 추상적인 세계를 새롭게 창조한 거장은 아니다.《종의 기원》의 출간 전날, 그 책을 미리 읽어본 헉슬리의 탄식은 꽤나 유명하다. "이렇게 쉬운 설명을 난 왜 먼저 하지 못했을까, 바보같이!" 아인슈타인의 상대성이론과는 달리, 다윈의 진화론은 초등학생도 완벽하게 이해할 수 있을 정도로 쉽고 명쾌하다.

이론만 쉬운 것이 아니다. 그의 삶을 봐도 친근함과 애정을 느낄 수 있다. 실패와는 담을 쌓은 여느 무균 천재와는 달리 그의 생애는 우리네 인생살이와 다르지 않았다. 에든버러대학교 의대를 중퇴한 후 낙향했고, 원인 모를 질병으로 인생의 쓴맛을 경험했으며, 자신의 평생 화두에 해답을 써 보내온 한 과학자의 편지를 받고는 깊은 좌절에 빠지기도 했다. 하지만 그는 찾아온 기회를 덥석 물 수 있는 열정과 호기심을 가진 사람이었다. 그 기회란 다름 아닌 26미터짜리 비글호로 남미를 탐험하는 것. 4년 10개월간의 항해를 통해 그는 우리에게 발상 전환의 돛을 달아줬다.

그 발상의 전환이란 무엇인가. 사실, 종(種)이 진화한다는 생각 자체는 당시에 별로 새로울 것이 없었다. 그에게 상을 줘야 하는 이유는 다른 두 가지다. 하나는 자연선택이라는 진화 메커니즘을 제시했다는 점이고, 다른 하나는 나무가 가지를 뻗는 방식에 빗대 종 분화를 설명했다는 점이다. 다윈 이후로 우리는 드디어 생명의 변화 방식과 다양성을 지적으로 설명할 수 있게 되었다.

하지만 다윈의 진화론도 부침을 겪으며 진화해왔다. 《종의 기원》 출간 후 50년 동안은 되레 침체의 길을 걷다가 1930, 40년대에 유전학이라는 구원투수를 만나 부활했다. 또한 1970년대에는 세부 이론의 폭발을 경험했지만 불과 10년 전쯤에야 발생학과 만나 진정한 통섭적 학문으로 변신하기 시작했다.

전 세계가 태어난 지 200년도 넘은 옛 사람의 생애와 업적을 계속 상기시키는 가장 큰 이유는 그의 혁명이 '현재진행형'이기 때문이다. 지난 반세기 동안 다윈주의는 심리학, 경제학, 철학, 문학, 의학, 심지어 종교학에까지 스며들어 지식의 정글을 선도할 강력한 잡종을 만들어냈다.

하지만 안타깝게도 우리나라만큼 다윈이 저평가된 나라도 없을 것이다. 국내 저자가 쓴 다윈, 진화 관련 책의 종수가 턱없이 적은 것만 봐도 금방 알 수 있다. 여전히 창조론의 위세가 작지 않은 것도 안타까운 현실이다. 이런 맥락에서 국내 최고의 과학 만화가 조진호 작가의 《에볼루션 익스프레스》는 단비임이 틀림없다. 내가 아는 한, 과학 지식, 그리고 과학사적 지식 면에서 조진호 작가만큼 깊은 내용을 정확하게 전달할 수 있는 만화가는 드물다. 게다가 상상력을 가미한 스토리텔링을 이 정도로 흥미진진하게 전개할 수 있는 작가는 더더욱 희귀하다. 이것은 이미 그의 《그래비티 익스프레스》, 《게놈 익스프레스》, 《아톰 익스프레스》를 통해 완벽히 입증된 진실이다.

특히 이번 《에볼루션 익스프레스》는 분자생물학 부분이 탄탄하게 정리되어 있어서 해외 유수의 진화 관련 콘텐츠에 견주어도 독창성을 인정받을 수 있을 것이다. 그리고 이 책의 마지막 장인 "의미는 어디에" 부분은 이른바 '열린 결말'을 제시함으로써 독자들을 깊은 고민에 빠지게 한다. 그렇다. 과학의 민낯은 말끔한 도식이 아니라 끝없는 논쟁이지 않은가!

이 책은 흥미진진한 다윈의 일생과 그의 탁월한 이론, 그리고 그의 후예들에게 던져진 근본적 물음이 세련되게 버무려진 역작이며, 진화를 이해하고 싶은 모든 이들에게 흥미로운 시작을 보장하는 익스프레스 티켓이다. 조진호 작가의 책을 펼칠 때마다 매번 이런 감동을 느끼는 사람이 나뿐만은 아닐 것이다. 우리 과학계가 이런 작가를 보유하고 있다는 사실이 얼마나 큰 위안으로 다가오는지 모르겠다. 돌아온 비글호에 주저 말고 올라타기 바란다. 흥미진진한 항해가 기다리고 있을 것이다!

2021년 2월

**장대익**(서울대학교 자유전공학부 교수, 《다윈의 식탁》 저자)

## 차례

| | | |
|---|---|---|
| 감수의 글 | 《에볼루션 익스프레스》, 잠들어 있던 비글호를 깨우다 | … 004 |
| CHAPTER 01 | 생명은 어떻게 생겨났을까? | … 009 |
| CHAPTER 02 | 모든 생명은 공통의 조상으로부터 기원한다 | … 045 |
| CHAPTER 03 | 어떻게 이런 일이 일어났을까? | … 083 |
| CHAPTER 04 | 다윈 이론의 좌절과 성공 | … 115 |
| CHAPTER 05 | 이론은 이제 그만 | … 133 |
| CHAPTER 06 | 가장 거대한 역사 | … 155 |
| CHAPTER 07 | 현대 생물학이 말해주는 사실들 | … 171 |
| CHAPTER 08 | 진화의 개연성 | … 195 |
| CHAPTER 09 | 끝없는 논쟁 | … 215 |
| CHAPTER 10 | 지구 생물의 역사는 있을 법한 것이었을까? | … 227 |
| CHAPTER 11 | 방향이 있을까? | … 243 |
| CHAPTER 12 | 우리뿐인가? | … 255 |
| CHAPTER 13 | 의미는 어디에 | … 275 |
| 글을 맺으며 | 생명, 그 엄청난 행운에 대하여 | … 286 |
| 주요 등장인물 소개 | | … 288 |
| 참고문헌 | | … 299 |
| 생명의 역사 | | … 300 |
| 찾아보기 | | … 302 |

# EVOLUTION EXPRESS
## CHAPTER 01

# 생명은 어떻게 생겨났을까?

이 깊은 무지와 모호함 속에서, 인간이 이해한 것에 속하는 모든 것에 대해서는
회의적이거나 최소한 신중해져야 하고, 어떤 가설에 대한 이해도 인정하지 않아야 한다.
하물며 뒷받침하는 아무 개연성도 보이지 않는 가설은 말할 것도 없다.
— 데이비드 흄

과학이 발전하자 사람들은 길가에 구르는 돌멩이와 하늘에 뜬 구름의 기원을 알 수 있게 되었고, 태양이며 까마득하게 멀리 있는 은하의 기원까지도 모조리 추론할 수 있게 되었다. 그런데 가장 가까운 곳에 있는 다양한 모습의 생물들, 그리고 그 무엇보다 가까운 존재인 우리 자신의 기원에 대해서는 깜깜이었다. 인간을 포함한 생물들은 남달랐다. 아무리 작은 미생물이라도 돌멩이나 구름과는 차원이 다르다. 생물은 뭔가 복잡하고 특별해 보인다. 생물 하나하나는 부모가 낳아서 생겨났다는 것은 알고 있다. 하지만 까마득한 과거로 간다면 생물은 여전히 지금과 같은 모습으로 존재했을까? 생물이 없던 세상과 생물이 있는 세상을 구분하는 생명의 시작점이 있었을까? 있었다면 생명체는 '어떻게' 존재하게 된 것일까? 이런 질문에 대해서 최근까지도 과학자들은 어떤 대답도 내놓을 수 없었다.

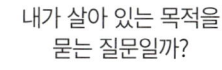

## 질문 : 모든 생물의 기원은 무엇인가?

나는 생물학적으로 어디로부터 왔는가?

이 문장에서 '나'를 '사람'으로 바꿔보자.

사람들은 생물학적으로 어디로부터 왔는가?

이 문장에서 '사람'을 '생물'로 바꾸면 어떨까? 이렇게…

**모든 생물 종들은 어디로부터 왔는가?**

괜찮을 것 같다. 우리가 아는 모든 생물들은 예외 없이 자손을 만든다.

사람 역시 생물의 범주 안에 포함되어 있다.

번식하니까 생물인 것이 아니겠는가.

당연한 듯하지만 눈여겨볼 번식의 특징이 있는데, 사람은 사람으로부터 나오고 고양이는 고양이로부터 나오고 참나무는 참나무로부터 나온다는 사실!

번식할 때 종을 벗어나는 경우는 발견되지 않았다. 무슨 원리가 있기에 이러한지 궁금하지 않은가?

그리고 아까 던졌던 질문, 존재의 사슬이 어디까지 뻗어 있느냐는 질문…

이 역시 궁금하다.

존재의 사슬이 과거로 무한히 이어지지 않고, 특정한 출발선이 있었다는 주장이 있다.

*아리스토텔레스는 과거 언젠가 생물들이 자연적으로 발생했고, 그 뒤로 생물들은 대를 이으면서 그 모습 그대로 생존해왔다고 말했다.

여기서 중요한 대목은 **'자연적으로 발생'**이다.

아리스토텔레스는 선배, 동료 학자와 달리 관찰과 실험을 대단히 중요시했다.

그는 많은 동식물들의 겉모습은 물론 해부해서 몸속까지 면밀히 관찰했고 이런 결론을 내렸다.

모든 생물 종들은 예나 지금이나 그 모습 그대로 불변하는 고정된 실체다.

반전이 없는 결론 같지만, 심사숙고 끝에 내린 결론이었다.

아리스토텔레스는 생물 종들이 무척이나 달라 보이면서도 한편으로는 꽤나 비슷하다는 것도 알아챘다.

*아리스토텔레스(Aristoteles, B.C.384~B.C.322) : 스승인 플라톤이 감각을 초월한 이데아 세계를 주장했던 것과 달리, 감각되는 세계의 원인을 구하려고 노력했던 철학자.

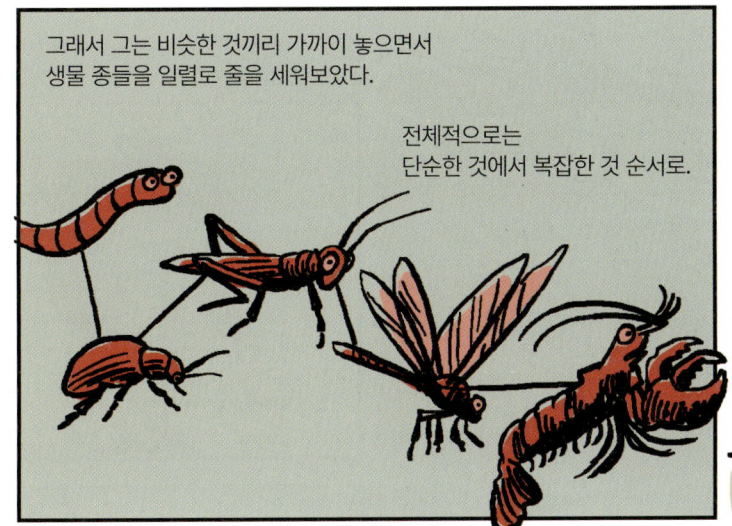

***자연의 사다리**(scala naturae) : 아리스토텔레스는 여러 생물을 자신의 주관으로 완전함의 정도에 따라 배열했으며, 이것을 '자연의 사다리'라고 불렀다. 후대에 동물을 하등한 것과 고등한 것으로 분류하는 원인으로 일정 부분 작용한다.

017

창조자가 생명체를 만들었다는 아이디어는 매우 흔해서 세계 각지의 토속 신화에서 모양은 다르더라도 비슷한 콘셉트로 등장한다.

창조자가 생명체를 만들었다는 주장은 설득력이 있기까지 하다.

생명체를 보면 하나같이 환경에 잘 적응하고 있고

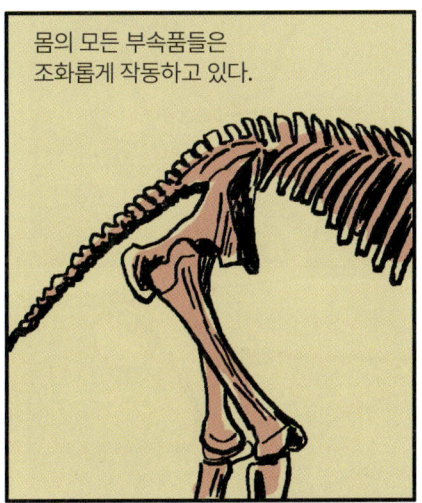

몸의 모든 부속품들은 조화롭게 작동하고 있다.

생명체는 돌멩이 같은 것들하고는 차원이 다르다.

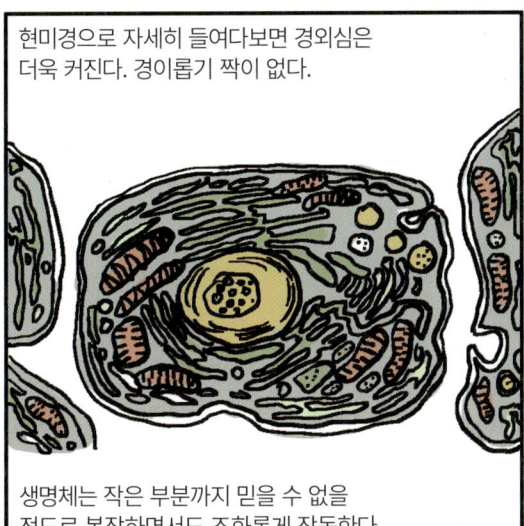

현미경으로 자세히 들여다보면 경외심은 더욱 커진다. 경이롭기 짝이 없다.

생명체는 작은 부분까지 믿을 수 없을 정도로 복잡하면서도 조화롭게 작동한다.

이런 대단한 생물이 별안간 자연적으로 생겨난다는 것은 도저히 믿기 힘들다.

막막하네. 이를 어쩌지.

신학자 *윌리엄 페일리는 왜 생명체를 창조자가 만들었을 수밖에 없는지 예를 들어 설명했다.

＊**윌리엄 페일리**(William Paley, 1743~1805) : 잉글랜드의 성공회 사제. 저서《자연신학(Natural Theology)》을 통해 신의 존재에 대한 목적론적 주장을 펼쳤으며, 시계 제작자 비유는 유명하다.

이것을 *페일리의 설계 논증**이라고 한다.

*설계 논증**(design argument) : 목적론적 논증(teleological argument)과 같은 뜻이며, '복잡한 세계가 어떻게 생겨난 것인가?' 이 질문에 대해서 경험에 근거하여 내놓은 답이다.

지금 생명체가 어떻게 생겨났는가에 대한 두 가지 가설을 만나보았다.

간단하게는 생물이 변하면서 여기까지 왔다는 가설이다.

모든 과정은 외부로부터의 특별한 개입이 없이 일어나는 다분히 자연스러운 과정이라는 것이다.

이것이 바로 **생명의 진화설**이다.

그리스의 괴짜 철학자 *에피쿠로스는 말했다.

생물의 발생은 말이지…

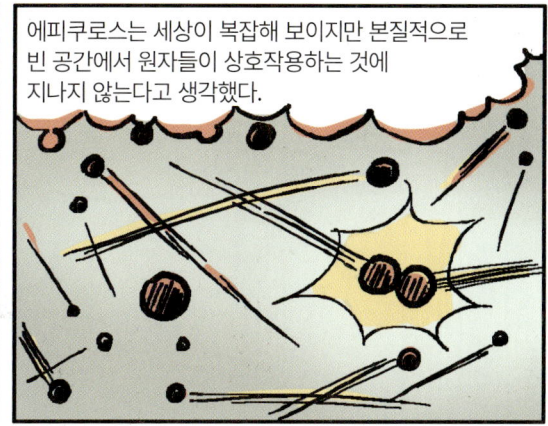

에피쿠로스는 세상이 복잡해 보이지만 본질적으로 빈 공간에서 원자들이 상호작용하는 것에 지나지 않는다고 생각했다.

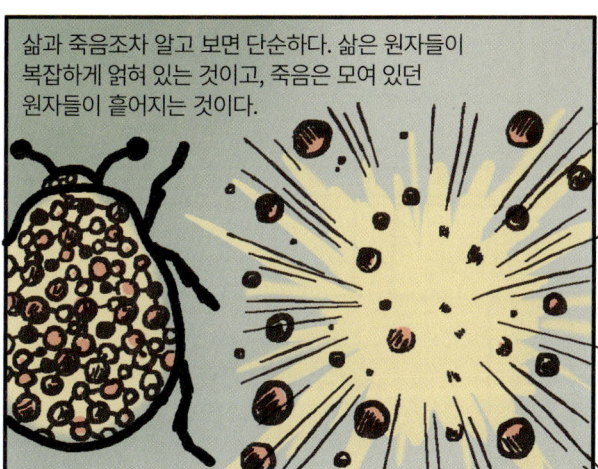

삶과 죽음조차 알고 보면 단순하다. 삶은 원자들이 복잡하게 얽혀 있는 것이고, 죽음은 모여 있던 원자들이 흩어지는 것이다.

삶과 죽음이 무수히 반복되면, 생명체가 변화하는 것을 피할 수 없다.

최초의 생물은 생물이라고 하기에는 너무나 유치하고 단순했을 것이고, 그다지 특별한 것도 눈에 띄지 않았을 것이다.

하지만 삶과 죽음이 대를 이어서 반복되다 보면 흥미로운 사건들이 생겨날 것이고, 사건들은 생물이 복제된다는 특징 때문에 차곡차곡 쌓여간다.

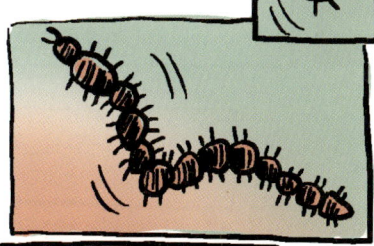

신이든 창조주든 발붙일 곳은 없다.

신은 사람들이 만들어낸 관념!

진화설이 맘에 드는 이유는 죽음으로부터 사람들을 자유롭게 하기 때문이지요.

그러다 보면 생물은 지금 같은 근사한 모습으로 변모한다. 지극히 자연적인 현상이다.

*에피쿠로스(Epicouros, B.C.341 ~ B.C.270) : 고대 그리스의 유물론자. 데모크리토스를 계승하여 원자론을 주장했으며, 쾌락만이 행복한 생활의 시작이자 끝이라고 말했다. 그가 말한 쾌락은 영혼이 편안한 상태를 뜻한다.

*유물론(materialism): 근본적인 실재를 물질로 보고, 정신을 파생적인 것으로 보는 철학.

하지만 진화설에 눈을 번쩍 뜨이게 하는 것이 있었으니 바로 화석이었다.

어떤 화석은 정말 기괴하기까지 했다.

화석의 기원이 특이한 취미를 가진 누군가가 이상한 걸 만들어서 땅속에 파묻은 것이 아니라면

과거에 살았던 생명체의 신체라는 것밖에는 달리 설명할 길이 없었다.

화석은 문학적 상상력을 마구 자극하기도 했고

생명체를 바라보는 시각도 바꿔놓았다.

이상한 모습을 한 생명체들이 지금은 없고, 과거에는 왜 있었단 말인가.

생물 종은 영원하지 않을지도 모른다. 생물 종은 사라지기도 하고, 새로 생겨나기도 하는 것은 아닐까?

계몽주의 시대의 ***데이비드 흄**도 에피쿠로스와 비슷한 말을 했다.

생명체가 서서히 지금의 모습으로 진화했다.

흄이 보기에 생명체는 너무나 경이로워서

신이 있다고 한들 생명체를 만들기에는 턱없이 능력이 부족할 거라고 생각했다.

생명체의 놀라운 복잡성은 완전히 압도적입니다.

신이 만들었다?

가당치 않아요. 진화만이 할 수 있는 일!

생명이 진화하면서 구체적으로 무슨 일을 겪었는지는 잘 모르겠소.

그 면에서 우리는 정말 무지해요. 앞으로도 완전히 알아내는 건 불가능할 거요.

하지만 모른다는 건 좋은 소식이에요. 과학자들의 일거리가 널렸다는 것이니!

***데이비드 흄**(David Hume, 1711~1776) : 영국의 위대한 철학자이자 경제학자이며 역사가.

***장 바티스트 라마르크**(Jean Baptiste Lamarck, 1744~1829) : 프랑스의 진화론자. 다윈보다 먼저 체계를 갖춘 진화론을 만들었다. 용불용설과 획득형질의 유전은 그의 진화론의 핵심이다. 진화론에 신호탄을 쏜 장본인이지만, 이로 인해 퀴비에 같은 학자들에게 비판과 멸시를 받았고, 말년에는 빈곤으로 고생했다.

높은 가지에 있는 잎을 먹기 위해 목을 뻗는 노력을 하며, 기린은 생애 동안 목이 조금 길어질 수 있다.

아쫌!

이것을 *획득형질이라고 한다.

유전

중요한 것은 획득형질이 다음 세대에게 전달된다는 것이다.

세대를 거치면서 목은 점차 길어진다.

지금의 긴 목을 가진 기린이 존재하는 이유다.

라마르크는 동물과 식물을 통틀어서 몇 개의 에스컬레이터, 즉 동적인 **존재의 사슬이 있다고 생각했다.

많은 생물 종들이 여러 가지 불행으로 사라질 수 있지만, 바닥부터 다시 돋아나는 새로운 에스컬레이터들이 있기 때문에, 언젠가 사라진 생물 종들이 다시 나타날 것이다.

*획득형질(acquired character) : 유전이 아닌 환경적 요인에 의해 나타나는 기능이나 구조의 변화를 말한다. 오늘날 일반적인 정설로는 획득형질은 자손에게 유전되지 않는다는 것이지만, 아직까지도 많은 논쟁을 일으키고 있다. **존재의 사슬(chain of being) : 모든 실재가 완전성의 순서에 따라 이어지는 계층. 플라톤과 아리스토텔레스에게서 파생된 개념이고 중세로 이어져서 발전된 개념이다.

진화설에 찬물을 끼얹는 사람이 있었으니, 프랑스 생물학자 ***퀴비에**다. 그는 진화는 결코 일어날 수 없다는 주장을 했는데, 이런 주장에는 논리와 근거가 있었다.

당대 최고의 화석학자 퀴비에는 두 발로 현장을 찾아다니는 행동파였다.

첫 번째 근거는 화석이었다.
보통은 화석이 생물의 진화를 지지하는 듯했지만, 퀴비에의 해석은 전혀 달랐다.

한 장소가 육지가 되기도 하고, 바다가 되기도 했다는 것을 의미한다.
퀴비에는 몇천 년 정도의 시간이 아닌 이보다 훨씬 긴 시간을 생각했다.

긴 시간이 주어진다면 큰 산이 잠길 만한 해수면 상승이 가능하고, 그 반대도 가능하다.

***조르주 퀴비에**(Georges Léopold Cuvier, 1769~1832) : 프랑스의 동물학자이자 해부학자. 동물의 화석을 해부학적으로 연구하는 고생물학 분야를 창조했다. 그는 종 불변설을 고수했고, 라마르크의 진화론을 맹렬히 비난하는 반진화론의 선두에 섰다.

퀴비에는 시간이 흐르면서 화석이 변하는 데 어떤 패턴이 존재하는지 알고 싶었다.

패턴이 있긴 했다. 지층의 아래쪽에는 단순한 형태의 화석이 있고

위쪽의 최근 지층에는 현재의 생물 종과 매우 흡사한 화석이 있다.

다른 생물학자들은 이 사실이야말로 생물이 진화하는 증거라고 주장했다.

"그런 것 같죠?"
"그런데 아닙니다."

퀴비에는 지층별로 화석의 모습이 판이하게 다른 점에 주목했다.

생물이 진화했다면 화석에 연속성이 보여야 마땅하지만 실제로는 완전히 다른 것으로 바뀌는 것으로 보였다.

이런 널뛰기 진화는 불가능하다는 것이 그의 생각이었다.

"왜 말이 안 되는지는 이따가 말해주리다."

그럼 퀴비에의 생각은 대체 무엇일까? 퀴비에는 재앙 같은 환경 변화를 떠올렸다.

그때마다 생물들은 대량으로 멸종했고 다른 곳에서 전혀 다른 모습의 생물들이 이주해와서 빈 자리를 메웠다. 진화는 모르겠고, 이러한 멸종과 이주가 생명의 역사 그 자체라는 것이다.

멸종

다른 곳에서 이주한 생물

번성

퀴비에와 아리스토텔레스에게는 생명체가 갑자기 생겨나는 것만큼이나 불가능한 것이 생명체가 진화하는 것이었다.

하지만 이들이 생물의 진화 가능성에 대해서 탐구하는 동안 또렷하게 느낀 것이 있었다.

현재 살고 있는 생물들의 뼈는 지층에서 조금만 파 내려가도 보이지 않았다. 까마득하게 깊이 묻혀 있는 알 수 없는 생물들은 얼마나 오래전에 살았단 말인가…

지구의 나이, 생물이 지구 위에서 살아왔던 시간은 인간 문명의 역사보다 훨씬 길었던 것이 분명했다. 그 시간의 길이를 상상하기조차 어려웠다.

너무 심하지 않습니까?

뭐가?

시간의 길이…

*에른스트 마이어(Ernst Walter Mayr, 1904~2005): 독일에서 태어난 미국의 진화생물학자. 20세기의 다윈으로 불릴 만큼, 가장 유명한 신다윈주의자라고 할 수 있다. 찰스 다윈이 주장한 종에 대한 개념은 에른스트 마이어에 의해 번식 집단으로 명확히 설명되었다. 새에 대한 연구를 바탕으로 한 그의 종 분화 이론은 아직까지 학계의 정설로 인정받는다.

\***찰스 다윈**(Charles Robert Darwin, 1809~1882) : 영국의 박물학자이자 진화론자로 현대 진화론의 기초를 확립했다. 많은 사람들이 뉴턴이나 아인슈타인을 제치고 다윈의 자연선택을 인류 최고의 아이디어로 꼽는다. 자연선택은 생명 영역에 의미과 목적이 없음을 암시하고 있는데, 이러한 그의 세계관은 다분히 유물론적이지만, 종교와 관련해서는 신중한 자세를 취했다.

뭐 해!
안 갈 거야?

*비글호(HMS Beagle, 1820~1870) : 영국 해군의 군함으로 만들어졌으며 그 후 탐사용 함선으로 개조되었다. 1831년 시작된 두 번째 항해에서 찰스 다윈이 승선했다.

EVOLUTION
EXPRESS

CHAPTER
02

# 모든 생명은 공통의 조상으로부터 기원한다

…돌이켜 생각해보면, 그 지역 사람들은 몸의 형태, 비늘의 모양과 전반적인 크기만 보고도
어느 거북이가 어느 섬에서 온 것인지를 단번에 알아맞히곤 했다…
– 비글호 항해 중, 찰스 다윈의 글

방황하던 젊은 다윈은 우연한 기회로 군함에 승선하여 세상을 탐험한다. 이 여행을 마치고 그는 위대한 아이디어를 떠올리게 된다. 생물은 왜 단 하나 또는 몇 개 정도가 아니라, 수많은 종으로 구분되어 있을까. 다윈은 이 질문에 대한 답을 구한다. 생물들은 우연히 세상의 곳곳으로 이주했고, 오랜 시간 동안 우연하게 서로 달라졌다. 현재의 모든 생물들은 모습이나 생태가 거의 천지 차이로 다르지만, 사실은 모두가 친인척 관계이다. 시간을 거슬러 올라가면 결국 멀든 가깝든 서로의 공통조상을 뿌리로 두고 있다.

다윈의 *《종의 기원》은 훨씬 늦게 출간되거나, 하마터면 영영 출간되지 않았을 수도 있었다.
다윈의 완벽주의 성향이 이유이기도 했고, 걱정스러운 책의 내용 때문이기도 했다.

그런데 **월리스가 인도네시아에서 보내온 편지가 다윈을 충격으로 몰아넣었고, 이 편지 덕에 《종의 기원》이 좀더 이르게 탄생한 셈이다.

월리스의 편지에는 다윈이 오랜 시간 고민했던 진화론의 핵심이 있었다.

마음이 급해진 다윈은 주저했던 저술에 최선을 다했다.

이렇게 1859년에 《종의 기원》이 출간되었고 출간과 동시에 책은 유럽과 미국의 지식 사회로 삽시간에 퍼져나갔다.

이 정도의 반향은 코페르니쿠스, 뉴턴, 아인슈타인이 일으킨 지각 변동 외에는 비견될 것이 없을 정도였다.

도대체 《종의 기원》이 왜?

*《종의 기원(On the Origin of Species)》(1859년 출간) : 이보다 1년 앞서 다윈은 월리스와 자연선택 이론을 공표했는데, 더 자세한 내용을 다룬 방대한 책이 그 유명한 《종의 기원》이다. 이 책은 생물학은 물론 철학, 사상, 인문학에도 광범위한 영향을 끼쳤고, 우주에서의 인간의 위치에 대한 인식을 크게 변화시켰다.
**앨프리드 월리스(Alfred Russel Wallace, 1823~1913) : 자연선택에 의한 진화 이론을 먼저 논문으로 정리했으며, 의견을 묻고자 다윈에게 먼저 논문을 보냈다. 자신의 연구와 거의 똑같은 내용에 충격을 받은 다윈은 고민하다가 자신의 1844년 논문과 월리스의 논문을 1858년 공동 출판물 형태로 학회에 발표했다.

《종의 기원》이 세상에 나왔을 때는 진화 개념이 그다지 낯선 것도 아니었는데 말이다.

다윈 혁명이라고 불리는 이 충격은 단순히 생물이 진화했다는 주장 때문이 아니었다.

"…이렇게 진화했다"는 다윈의 생각 때문이었다.

《종의 기원》을 풀어내는 다윈의 목소리는 자상하고 감미롭지만, 그 내용은 몹시도 잔혹하다.

이 충격은 오늘날까지도 여진이 남아 있다.

생명체는 예측할 수 없는 복불복의 걸음으로 진화하고 있다는 것이다.

인간도 다른 많은 생물과 마찬가지로 특별할 것 없는 우연으로 생겨난 종이란다.

'우연? 그럴 수도 있지…' 이런 생각이 드는가? 그런데 이것이 가볍게 치부할 일이 아니다. 다윈의 주장에는 상처를 오랫동안 후벼 파는 듯한 고통이 있다.

왠지 춥다.

다윈 씨, 무슨 짓을 한 거요!

다윈 이전의 진화론과 구별되는 다윈의 핵심적인 주장은 두 가지라고 할 수 있다.

둘째, 이것은 요약하기 힘든데…

이 내용은 다윈과 함께하는 여행에서 자세히 들어볼 것이다.

***자연선택**(natural selection) : 개체 사이에서 일어나는 경쟁에서 잘 적응한 것이 생존하여 자손을 낳게 되는 일. 자연선택은 생물이 자신의 수보다 많은 수의 자손을 만들며, 자손들마다 각기 다른 변이성을 가지기 때문에 나타나는 현상이다. 자세한 내용은 이어서 알아보도록 하자.

찰스 다윈의 젊은 시절로 가보자. 다윈이 비글호에 승선하는 상황은 그의 인생에도 큰 전환점이었지만 과학사에서의 의미도 매우 컸다. 특별할 것 없는 우연이 몇 차례를 거치면서 마법 같은 기적으로 다윈의 품에 안겼다.
훗날 다윈이 말하는, '우연이 겹겹이 쌓이면서 벌어지는 생명의 역사'처럼…

비글호 탐사 1년 전까지만 해도 다윈은 여느 젊은이들과 비슷하게 혼란스러운 시간을 보내고 있었다.

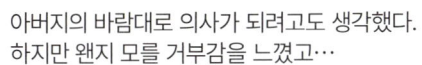
아버지의 바람대로 의사가 되려고도 생각했다.
하지만 왠지 모를 거부감을 느꼈고…

아버지의 또 다른 권유로 성직자로 진로를 변경한다.

성공회 사제가 되면 시골의 교회에서 일하게 될 것이고, 틈틈이 평소 좋아하는 박물학 공부를 하며 살게 될 터였다.

이즈음 다윈과 친밀했던 식물학 교수 *헨슬로로부터 한 통의 편지가 도착했다.

헨슬로는 영국 군함의 과학자 자리가 좋은 경험이 될 거라 생각했다.
이즈음 다윈은 훔볼트의 《아메리카 여행기》를 흥미진진하게 읽고 있었고 신대륙에 대한 환상으로 머리가 꽉 차 있었던 터였다.

*존 헨슬로(John Stevens Henslow, 1796~1861) : 케임브리지 교수로 있던 헨슬로는 신학 공부를 시작한 다윈이 자연사 연구로 진입하는 데 큰 영향을 주었다. 다윈은 헨슬로를 무척 따랐으며, 그가 소개하는 책이나 연구 내용을 흥미롭게 받아들였다. 헨슬로는 다윈이 비글호에 승선하도록 주선했을 뿐만 아니라 다윈이 항해 도중 보내온 연구 자료들을 학계에 소개하여 이후 다윈이 과학자로 자리 잡는 데 큰 도움을 주었다.

당연히 가족들의 반대에 부딪혔지만

결국 다윈은 비글호 승선의 기회를 덥석 끌어안는다.

비글호는 19세기 영국의 과학에 대한 자세를 보여준다.
영국 정부는 이미 18세기부터 자국의 군함에 과학자를
동행시켜서 낯선 대륙들의 해안선을 측량하거나,
지리적, 생물학적 탐사를 독려했다.

사실은 영국 정부 입장에서 과학 발전보다 더 중요한 이유가 있었는데, 비글호 같은 영국 군함의 주요 임무는
세계 곳곳에서 배가 정박할 곳을 정밀 측정하는 것이었다. 정교한 해안 지도는 영국의 상선들이 신속하고 안전하게
항구에 정박할 수 있게 하여 경제적으로 이득을 줄 터였다. 어쨌거나 이 임무는 과학자들에게도 좋은 기회였다.

＊**로버트 피츠로이**(Robert FitzRoy, 1805~1865) : 강직한 성격을 가진 영국의 군인이자 기상학자, 지리학자이다. 비글호의 두 번째 항해에서 함장 임무를 수행하면서 다윈과 함께했다. 《종의 기원》이 출간되었을 때 책의 사상을 반대했으며, 자신이 이 책의 탄생에 기여를 했다는 생각에 괴로워했다.

*갈라파고스 제도(Galápagos Islands): 현재 남아메리카 에콰도르령 제도로, 대륙으로부터 1,000킬로미터 떨어져 있다. 처음 발견되었을 때 큰 거북이 많아서 거북을 뜻하는 에스파냐어를 따서 갈라파고스라고 불렀다. 정식 명칭은 콜론 제도(Archipiélago de Colón)이며 19개의 큰 섬과 다수의 암초로 이루어져 있다.

이윽고 영국으로 귀국했더니, 웬걸? 다윈은 유명인이 되어 있었다.

다윈의 콘텐츠는 대중과 학계 모두에게 열렬한 환영을 받았고, 다윈이라는 이름은 널리 알려졌다.

주변 사람들의 도움도 있었지만, 단 한 번 찾아온 인생의 기회를 거머쥐었던 것은 분명 다윈 본인이었다.

우리는 흔치 않은 기회라는 것을 직감했을 때 반드시 잡아야 한다는 것을 다윈으로부터 배워야 한다.

하지만 다윈은 여유를 부리고 싶은 마음이 추호도 없었다.
갈라파고스의 수수께끼가 심장을 뒤흔들기 시작했다.

그는 마음속으로 다시 비글호에 올라탔고 닻을 올렸다.

본격적인 항해는 지금 막 시작된 것이다.

다윈은 채집해온 표본들을 조류학자에게
정확하게 동정해달라고 부탁했다.

*존 굴드(John Gould, 1804~1881) : 영국의 조류학자. 다윈의 《종의 기원》에는 언급되지 않았지만, 다윈의 핀치가 남다르다는 사실은 그가 먼저 알아보았다.

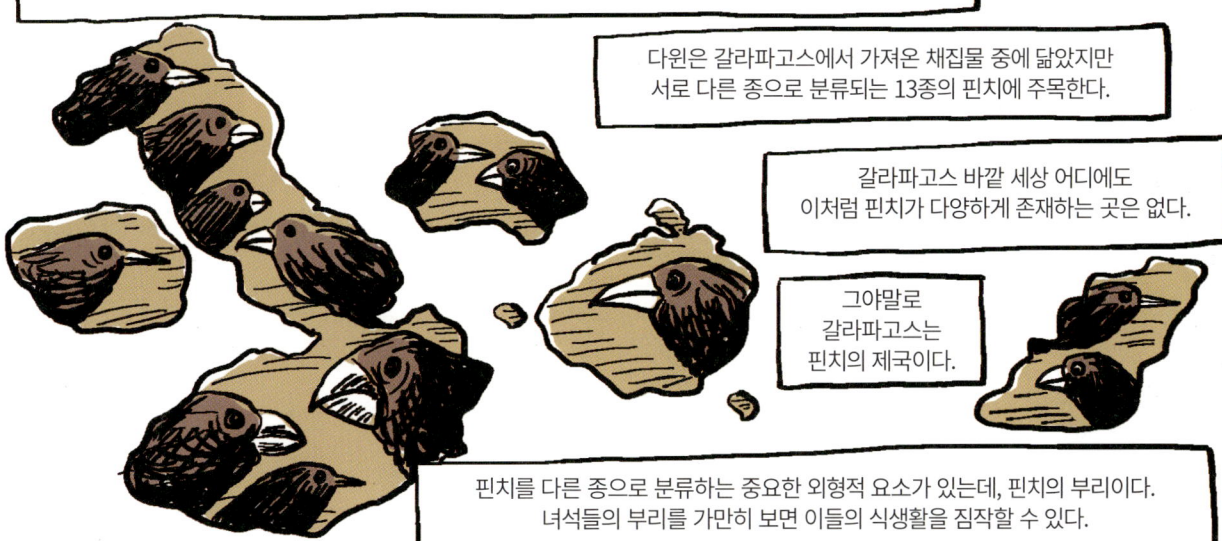

두 번째 질문은 이거였다. **갈라파고스에는 핀치가 유독 다양한 종으로 존재한다. 왜일까?**

***공통조상**(common ancestor) : 《종의 기원》에서 처음으로 언급되었다. 종 분화 이전의 생물 집단을 지칭하는 용어. 어떤 두 집단이 분화하면 이 조상은 두 집단의 공통조상이 된다.

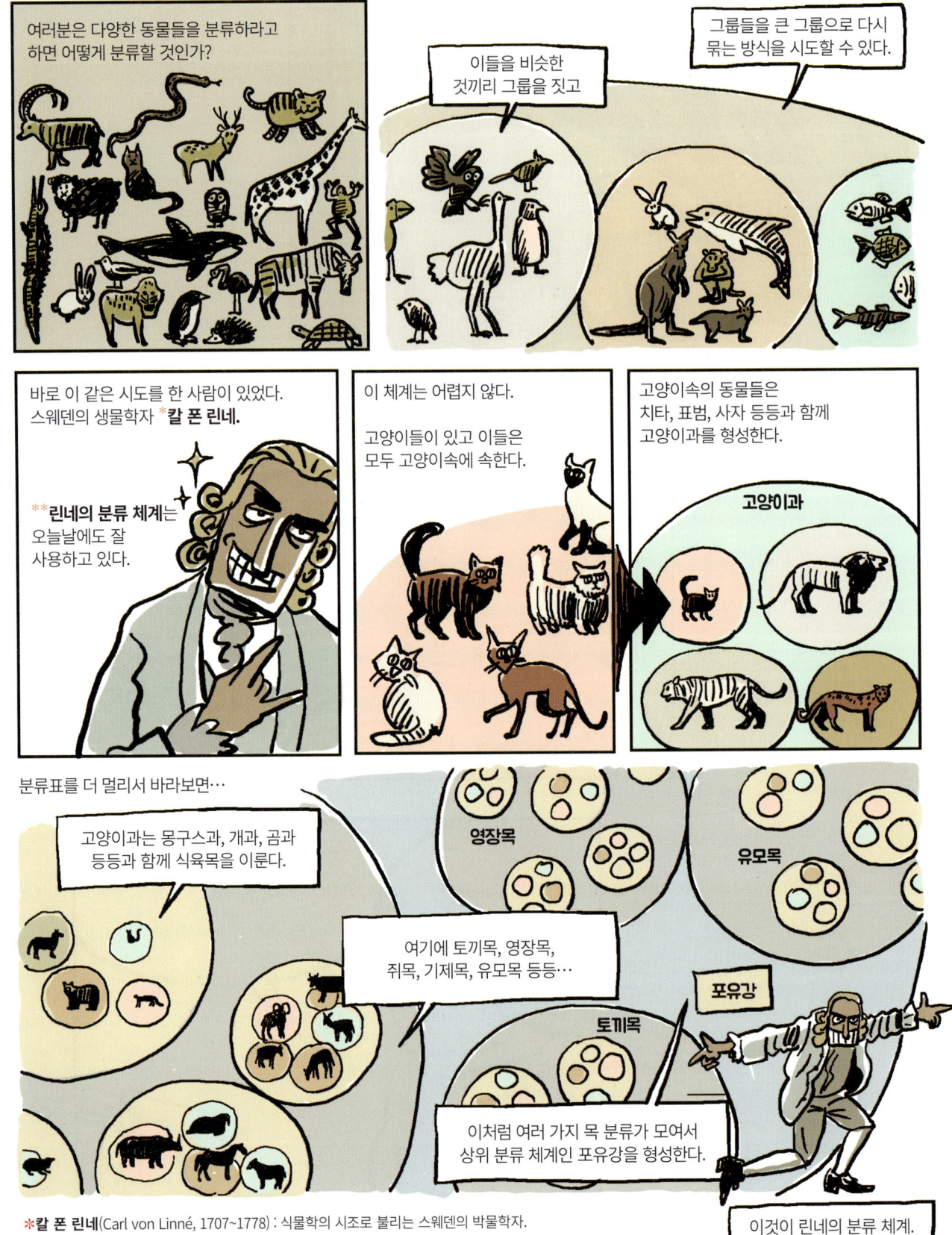

그런데 이러한 분류 체계가 어떻게 생물을 분류하는 데 무리 없이 쓰일 수 있을까? 신기하지 않은가?

다윈은 린네의 분류 체계가 생물의 분류에 잘 들어맞는 이유가 **생물은 공통조상으로부터 분기하면서 진화했기 때문**이라고 생각했다.

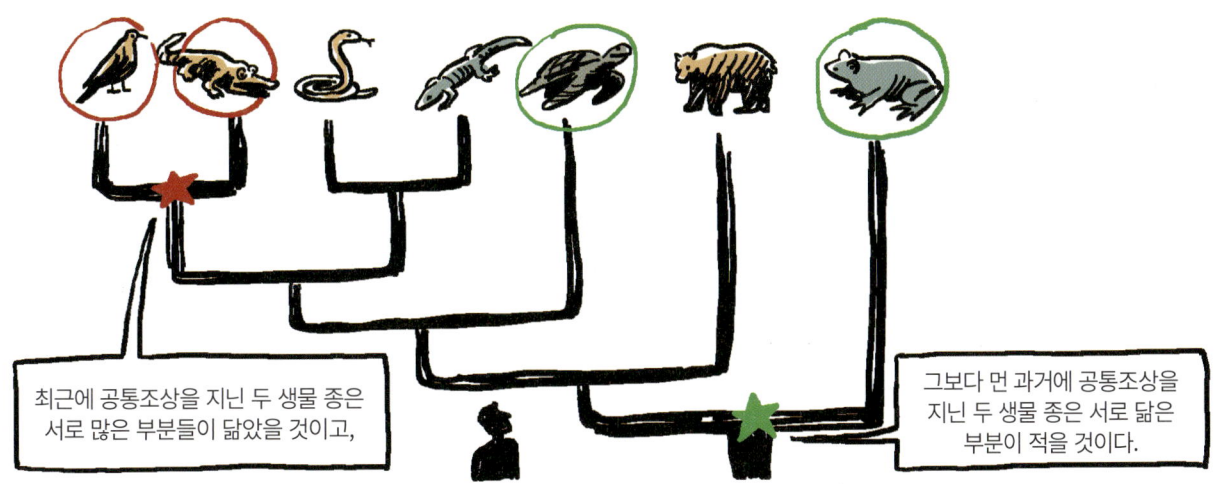

*에른스트 헤켈은 생물이 분기하면서 진화했다는 생각을 단박에 받아들였고, 생명의 **계통수를 최초로 그려냈다.

알려진 모든 생명체를 계통수로 옮기는 거대한 작업이었다. 계통수는 생물의 연관성과 진화 경로를 알게 해준다.

계통수는 그 후 계속해서 다듬어지고 수정되고 있다.

*에른스트 헤켈(Ernst Haeckel, 1834~1919) : 독일의 동물학자, 의사, 철학자로 독일의 다윈이라고 불릴 정도로 다윈의 진화론을 추종했다. 화가이기도 하여 아름다운 계통수를 그려 생물을 진화론으로 해석했지만, 연구 자료를 조작하여 발표하기도 했다. **계통수(phylogenetic tree) : 다양한 종을 형태적, 유전적 특성의 차이에 근거하여 진화적 관계를 보여주는 다이어그램. 여러 종 사이에 진화적으로 멀고 가까운 정도와 진화의 과정을 보여준다.

공통조상으로부터 분기하면서 진화했다는 증거는 이것 말고도 많다.

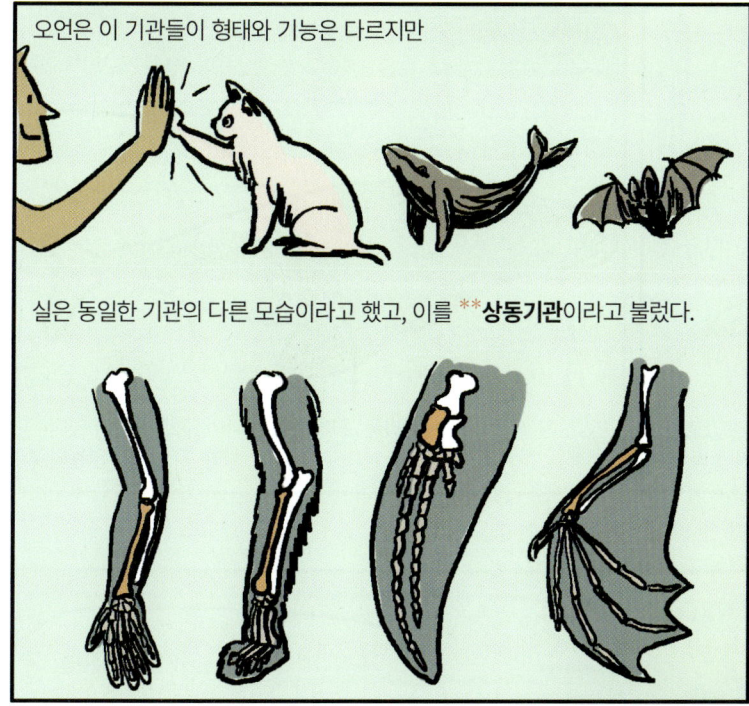

해부학적으로 분기 이론을 지지하는 증거는 더 있다.

모든 생물들이 기능적으로 완벽한 구조를 가지고 있다고 여겨진다.

그러나 조금만 자세히 살펴보면

***리처드 오언**(Richard Owen, 1804~1892) : 영국의 비교해부학자이자 고생물학자. 다윈의 진화론을 반대했으며, 공룡(dinosauria)이라는 단어를 만들기도 했다. ****상동기관**(homologous organ) : 생물의 비슷한 구조는 과거의 공통조상으로부터 물려받은 것이기 때문이다. 이렇게 기원이 동일해서 형태적으로 비슷한 구조를 상동기관이라고 한다.

동물은 기능성이 떨어지거나 아예 쓰지 못하는 해부학적 구조를 꽤나 많이 가지고 있다.

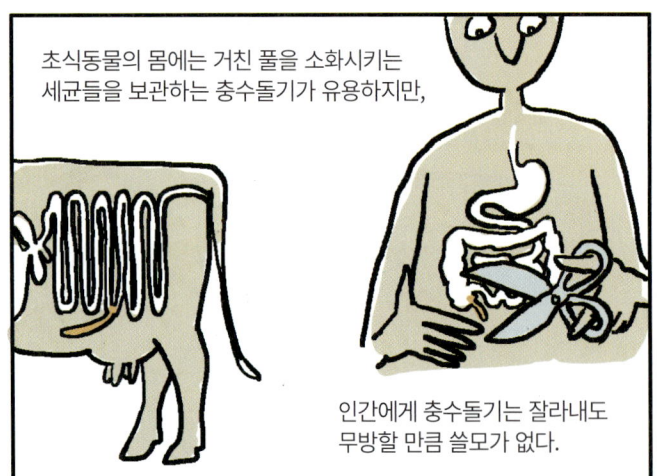

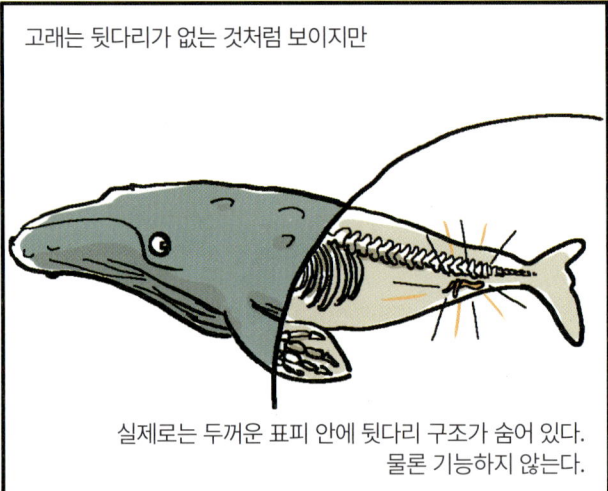

아무짝에도 쓸모없는 이런 것들을 ***흔적기관**이라고 한다. 말 그대로 흔적일 뿐이다.

***흔적기관**(vestigial organ) : 생물의 기관이 존재 의미가 없을 정도로 퇴화하여 흔적만 남아 있는 기관을 흔적기관이라고 한다. 이런 쓸모없는 기관이 존재하는 이유는 진화론에 따르면 그 기관이 기능을 하던 공통조상이 있었기 때문이다.

발생학 분야에서도 '변화를 동반한 계승'의 증거를 볼 수 있다.

*발생학은 작은 배아가 성체가 되는 과정을 연구하는 분야야.

계통수를 만들었던 헤켈은 생물의 발생 과정 자체가 공통조상의 존재를 강력하게 뒷받침한다고 주장했다.

이것 좀 보게.

어류, 파충류, 조류, 양서류, 포유류 등은 다 큰 모습은 우리가 알듯이 엄청 다르지.

그런데 발생 초기의 모습은 상당히 유사해. 성체로 자라나면서 생물 고유의 특징들이 나타난다네.

왜 초기 모습이 비슷하냐 말이야. 공통조상의 증거 아니겠어?

**헤켈의 배아 발생도

생물의 발생이라는 게 단순한 형태에서 복잡한 형태로 나가는 것이니, 단순한 초기 모습이 비슷한 건 당연한 거 아니에요!

신기하긴 뭐가 신기해요!

하지만 생물 발생은 어딘지 생물들의 연결 고리를 보여주는 듯하다.

예를 들어 포유류는 발생 특정 시점에 마치 어류인양 아가미 틈이 생겨났다가 이내 사라진다든가.

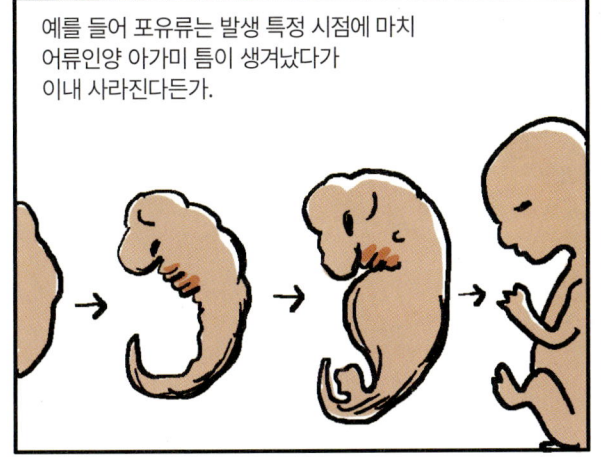

수염고래는 발생 단계의 특정 시점에서 이빨이 생겨났다가 이내 사라진다든가.

도대체 왜 이러는 걸까?

*발생학(developmental biology) : 다세포생물의 배아와 배아 시기 이후의 발생 과정에 대해서 연구하는 생물학 분야. **헤켈의 배아 발생도 : 헤켈은 배아 발생도를 그려 개체가 성장하는 동안 진화의 단계를 반복한다는 '발생반복설'을 주장했지만, 여러 종류의 배아 그림을 일부러 비슷하게 그렸다는 사실이 후대 연구자들에 의해 밝혀지며 비판받았다.

화석을 역사책으로 비유하자면 처참하게 훼손된 고대의 역사책이라고 할 수 있다.

알아야 할 것이 있다. 화석이 만들어진다는 건 확률적으로 희박한 '사건'이라는 것이다. 수많은 조건을 동시에 만족해야만 화석이 된다.

먼저 생물의 유해가 부식되기 전에 재빨리 침전되어야 한다.

이어서

뼈나 껍데기가 천천히 광물로 대체될 때까지 안정적인 환경에 놓여 있어야만 한다.

오랜 시간 동안 화석 주위의 환경은 이래저래 달라진다. 침식이 일어나기도 하고, 통째로 움직이기도 한다.

엄청난 열기와 압력으로 화석은 훼손되기 일쑤다.

*미싱링크(missing link) : 진화의 계열에서 중간에 해당하는 종류가 과거에 존재했다고 추정할 수 있는데, 아직까지 화석으로 발견되지 않은 것을 뜻한다. 이러한 화석의 발견은 진화론에서 중요한 의의를 가진다.

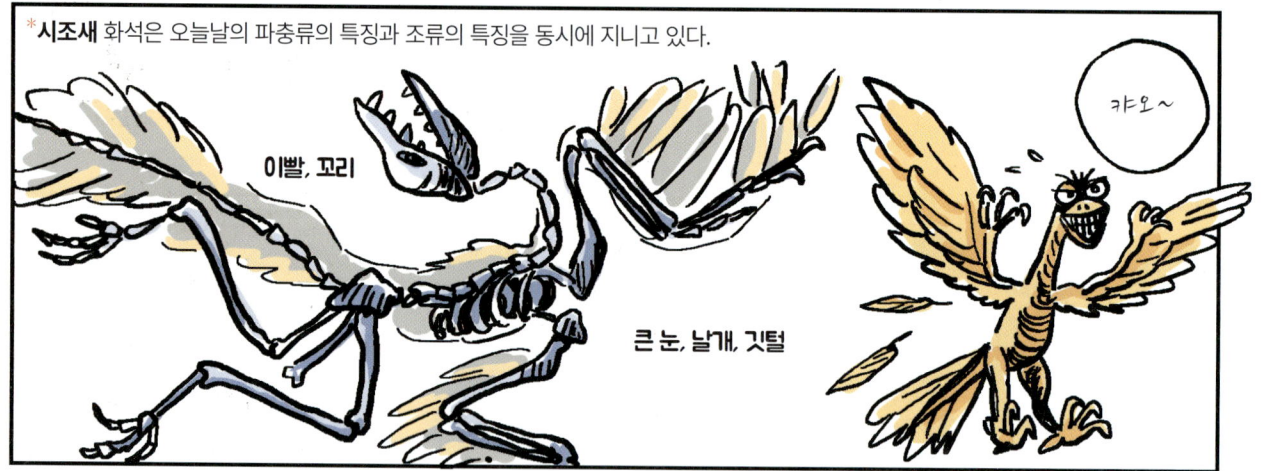

***시조새**(Archaeopteryx) : 조류의 화석으로 가장 오래된 것이다. 공룡과 새의 중간 화석에 해당하는 미싱링크다. 현재의 조류와 달리 글라이더처럼 활강했을 것으로 추정한다. ****틱타알릭**(Tiktaalik) : 어류에서 양서류로 진화하는 중간 과정을 보여주는 미싱링크다. 원시적인 허파를 가지고 있었으며, 지느러미 안의 복잡한 구조의 뼈가 지지대 역할을 했다.

***토머스 헉슬리**(Thomas Henry Huxley, 1825~1895) : 영국의 생물학자. 다윈의 이론을 옹호하고 설파해서 진화론의 수용에 큰 영향을 끼쳤다.

EVOLUTION EXPRESS

# EVOLUTION EXPRESS
## CHAPTER 03

# 어떻게 이런 일이 일어났을까?

이 쉬운 자연선택을 생각해내지 못했다니, 이런 바보 같으니라고!
- 토머스 헉슬리

야생동물의 삶은 생존을 위한 투쟁이다. 스스로 존재를 유지하고 후손을 돌보기 위해 자신의 모든 능력과 에너지를 발휘해야만 한다. 먹이를 찾고 위험을 모면하는 행위가 동물의 삶을 지배한다. 그리고 약한 것들은 결국 사라지고 말 것이다. 정도의 차이는 있겠지만, 아마 모든 변이 현상은 개별 개체의 습성이나 능력에 어느 정도 결정적인 영향을 미칠 것이다. 조금이라도 힘이 향상된 변종은 그중에서도 우위를 차지해 결국에는 수적으로 우세하게 될 것이다.
- 인도네시아 트르나테섬에서 말라리아를 앓던 앨프리드 월리스가 남긴 글

생명체는 공통조상을 근간에 두고 서로 달라졌다. 그런데 '어떻게' 달라졌단 말인가? 수천 년 전의 미라를 보면 고대인도 현재의 사람들과 크게 다를 바 없었다. 아무리 시간이 흐른다고 해도 생물이 크게 달라질 것 같지 않다. 하지만 생명체가 공통조상으로부터 달라지면서 진화했다는 것은 수많은 증거가 있는 분명한 사실이다. 어떻게? 어떤 원리로 생명체는 진화하는 것일까? 핀치의 부리는 어떤 원리로 서로 달라지게 되었으며, 두더지는 어떤 원리로 갈고리발을 얻게 되었을까?

오스트레일리아는 대륙과 멀리 떨어져 있어서 생물들의 왕래가 오래전부터 끊겼다.

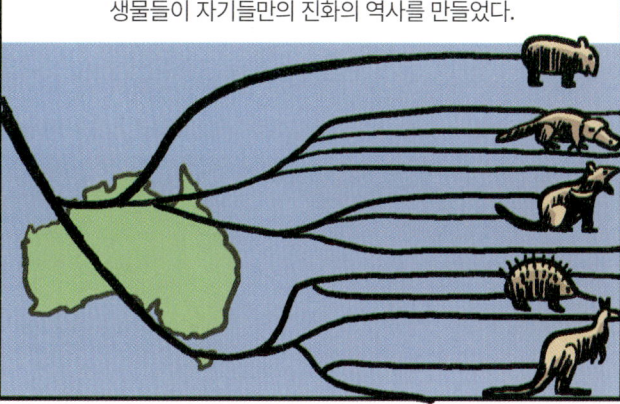
대륙으로부터 격리된 탓에 오스트레일리아에서는 갈라파고스 제도의 핀치 종들과 마찬가지로 생물들이 자기들만의 진화의 역사를 만들었다.

다윈은 생물의 진화를 이렇게 요약했다.

"*생태적 지위를 하나씩 점하는 과정, 이것이 진화입니다."

콜록

오스트레일리아의 **유대류들은 대륙의 ***태반 포유류와 비슷한 생태적 지위를 가진 종들이 많다. 생긴 것도 서로 비슷하다.

태반 포유류        유대류

대륙과 이렇게나 비슷하게 진화했다니 신기할 따름인데

이렇게 닮게 진화하는 원리는 무엇일까?

*생태적 지위(ecological niche) : 종(species)이 이용하는 자원과 환경 조건 등 종이 살아가는 모든 방식을 의미한다. **유대류(marsupial mammals) : 포유류의 한 갈래. 태반이 불완전하여 새끼가 완전히 성숙하지 않은 채로 태어나고, 육아낭에서 보살핌을 받는다. ***태반 포유류(mammalia) : 포유류의 한 분류이다. 새끼가 태반에서 자라서 태어나며, 젖먹이를 하면서 성숙한다.

*사변적(speculative, theoretical) : 경험에 의하지 않고 생각만으로 인식하고 설명하는 것.

즉 **유전의 원리를 알아야 한다**. 하지만 다윈 시대에는 신뢰할 수 있는 유전 이론이 없었다.

\***판게네시스 가설**(pangenesis theory) : 세포 안에는 제뮬(gemmule)이라는 입자가 함유되어 있고 이것이 혈관을 통해 생식세포로 모이고 자손에게 전달되며, 제뮬은 다시 몸의 여러 곳에 퍼져서 어버이의 형질을 나타낸다는 다윈의 유전 가설. 묘하게도 이 가설은 획득형질의 유전을 지지하고 있다.
\*\***개체**(individual) : 개개의 생물체를 가리키는 용어. 생물로서 존재하게 하는 기본적인 구조가 갖추어져 있는 독립된 하나의 생물체.

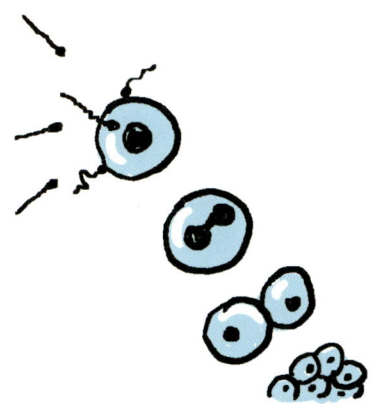

## 생물은 제각기 유일무이하다.

복제품을 만드는 생명의 능력에 경외감이 절로 들지만

생명은 자신과 완벽하게 똑같은 복제품을 만드는 데는 실패하는 듯하다.

동일한 부모로부터 만들어진 복제품들 사이에도 역시나 똑같은 건 하나도 없다.

단! 쌍둥이를 제외하고.

왜 단세포생물인 아메바가 자신과 동일한 복제품을 만들지 못하는지,

왜 다세포생물 역시나 자신과 100퍼센트 같은 복제품을 만들지 못하는지 구체적으로 알지 못한다.

생물! 장난해? 골치 아픈 녀석!

항상 애매해…

같은 \***개체군** 안에서 생물은 약간의 차이로 모두 다르다.

하나의 생물은 그야말로 유일무이하다.

다윈은 같은 종의 개체들이 서로 조금씩 다르게 태어나는 것은 기본적으로 **무작위 결과**라고 생각했다.

---

\***개체군**(population) : 일정한 지역에 모여 있는 서로 교배 가능한 개체들의 집단.

무작위라는 설정은 가정이긴 하지만, 다윈은 이 정도에서 추리를 시작한다.

다윈이 보기에, 개체들이 저마다 다르다는 것이 사실이라면 생물의 진화는 자연스럽게 일어난다는 결론이 나온다. 진화는 피할 수 없는 것이었다.

## 무조건 진화할 수밖에 없다

여러 세대를 펼쳐놓았을 때 각 세대에는 당연히 다른 개체들이 존재한다.

세대가 바뀔 때마다 다른 개체들로 교체되고 있으니 개체군도 달라진다. 진화하고 있는 것이다.

정확히는 개체 자체가 진화하는 것이 아니라

**개체군이 진화한다.**

라마르크 선생님! 진화하는 것은 개체가 아니라, 개체군이에요.

긴 시간으로 보면 진화는 피할 수 없다.

이러한 진화의 문제는 무작위에 있다. 핀치를 보면 무작위로 진화했다고 할 수 없는데 말이다.

갈라파고스의 핀치는 조상의 부리와는 다르게 단단한 부리, 또는 뾰족한 부리를 획득했다.

무작위적 진화로는 제아무리 오랜 시간이 주어져도 적응한 구조를 절대 가질 수 없을 텐데…

빠진 게 뭐지…

# 무작위가 아니다, 자연선택이 있기에

다윈은 생물이 많은 수의 후손을 만들어낸다는 사실에 주목했다.

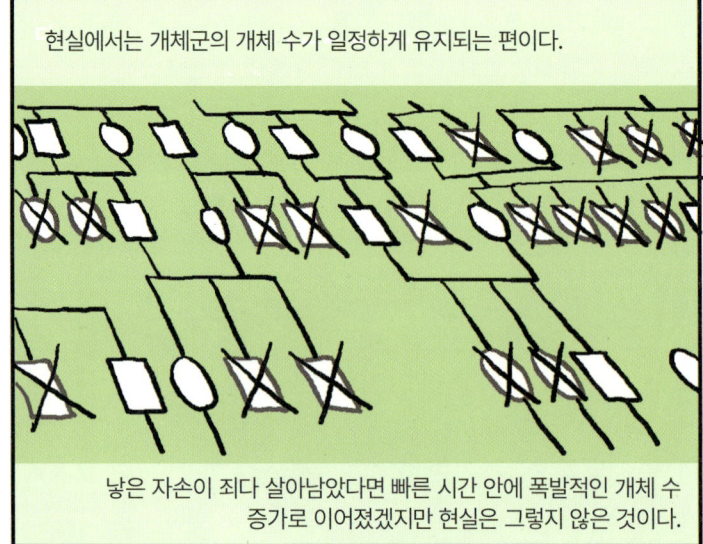
현실에서는 개체군의 개체 수가 일정하게 유지되는 편이다.

낳은 자손이 죄다 살아남았다면 빠른 시간 안에 폭발적인 개체 수 증가로 이어졌겠지만 현실은 그렇지 않은 것이다.

대부분의 개체는 제 수명은커녕, 번식기 전까지 살아남지 못한다.

그래! 맞아!

**많은 자손을 낳는다**는 당연한 사실에 핵심이 숨어 있다.

다윈은 수천 년 동안 사육가들이 해왔던 일을 떠올렸다.

현재의 농작물은 과거의 것들과 차이가 큰 편이다.
대체로 과거에 비하면 먹을 수 있는 부분이 많아진 상태다.

***인위선택**(artificial selection): 자연선택에 대응한 용어. 우량한 형질을 가진 개체를 선택, 분리하는 육종 방법.

자연을 조금만 들여다보면 무지막지한 소모전에 놀라게 된다.

동시에 자연은 냉혹하다.

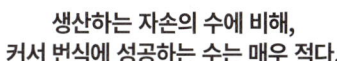

그런데 자연선택이 진화로 이어진다는 것은 과장이 아닐까? 단순히 생사의 선택이 무슨 수로 핀치의 부리를 변모시킨단 말인가?

오늘날의 가축들은 단박에 완성되지 않았다. **조금씩 점진적으로 지금의 모습에 도달**한 것이다.

자연선택도 점진적인 과정이다.

다시 말하지만, 진화는 개체가 변하는 것이 아니라 개체군이 변하는 것이다. 세대가 바뀌면서 개체들의 종류가 바뀌는 것이다.

**자연선택은 확률의 문제다.**

어떤 형질을 가진 개체가 그 형질로 인해 다른 개체들보다 조금이라도 더 살아남는다면

세대가 변하면서 개체군 안에서 유리한 *변이는 빈도가 늘어나게 된다.

1. 각기 다른 변이를 가진 다양한 개체들
2. 경쟁이 벌어지고 이 중에 잘 적응한 어떤 개체들은 생존할 확률이 높음
3. 생존 확률을 높인 변이가 다음 세대에 더 빈번하게 유전됨
이러한 과정, 자연선택이 세대를 거쳐 반복됨

다윈은 이 과정에서 중요한 가정이 포함되어 있다는 것을 알고 있었다.

**변이가 유전된다는 가정**이다.

큰 키 → 자식도 큰 키

모든 변이가 유전된다고 할 수는 없겠지만 상당수의 변이는 유전되는 속성을 지니고 있다.

확신이 안 들어…

다윈은 또다시 빈약한 유전 지식의 한계에 봉착한다.

골치야…

하지만 유전 원리를 모르더라도 큰 문제는 없다고 생각했다. 변이가 유전되기만 하면 된다.

＊**변이**(variation) : 같은 종의 생물 개체들 사이에서 나타나는 서로 다른 특성.

유리한 변이를 가진 개체는 번식기까지 생존하여 후손을 만들 확률이 높다.

여기에서의 생존은 오래 장수한다는 뜻이 아니다.

자손을 낳지 않고 제아무리 건강히 오래 살아도 자연선택과는 관계가 없다.

뭐라고?

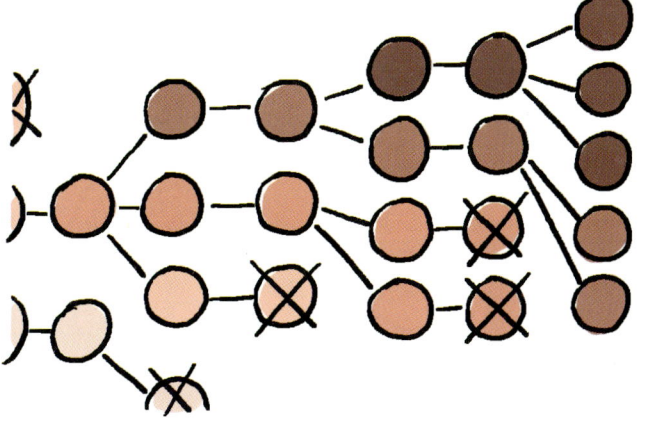

자연선택에서의 생존은 번식에 성공하여 자손을 남긴다는 것을 뜻한다.

생존했네!

뭐라는 거야?

자연선택이란 무엇인가.

다양한 변이

자연선택

새로운 세대

많은 변이의 조합을 가진 다양한 개체들이 있고,

이 중에 상대적으로 유리한 변이가 다음 세대에 전달되는 것이다.

자연선택이 세대를 거쳐 반복되면 개체군은 유리한 변이를 점차 축적하고 불리한 변이는 점차 제거된다.

이러면서 생명체는 환경에 잘 적응하는 구조나 행동들을 획득하게 된다.

몸 색깔

물갈퀴

강한 다리

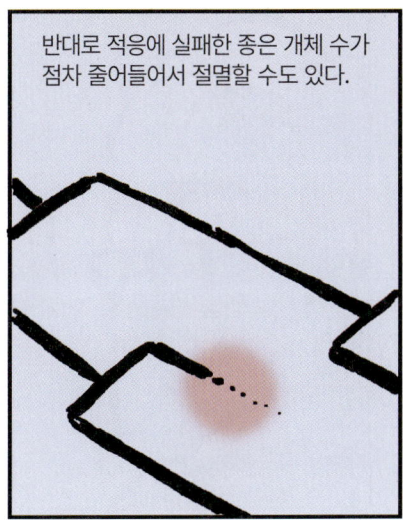
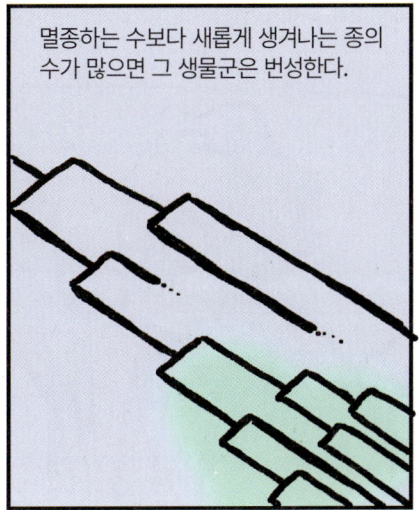

라이엘의 *'동일과정설'.

*동일과정설(uniformitarianism) : 영국의 지질학자 찰스 라이엘의 가설로 지구상에서 일어나는 지질 현상이 과거는 물론 현재, 미래에도 동일한 과정과 속도로 일어난다는 가설. '현재는 과거를 푸는 열쇠이다(The present is a key to the past)'라는 말로 요약할 수 있다.

*적응(adaptation) : 생물이 형태나 기능이 환경 조건에 적합하여 생존에 도움이 되고 있는 것. 진화적 의미에서 '적응'은 '자연선택'의 필연적인 결과물이라고 할 수 있다.

지금 살아 있는 생존자들이라는 빙산의 일각, 그 아래에 거대한 낙오자의 무덤이 있다.

대부분의 생물들은 잊혀졌다.

자연선택은 생명 진화의 원동력일까?

분명히 자연선택으로 인해 무작위적인 진화가 아닌 적응이라는 길을 걷는다.

하지만 자연선택이 원동력이라는 표현은 틀릴지도 모른다.

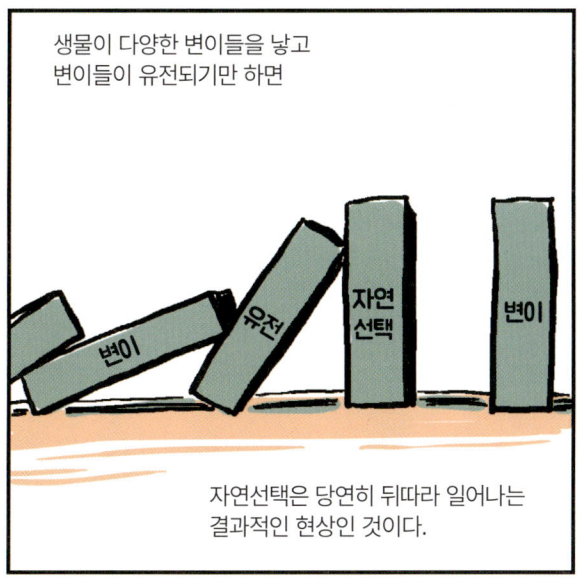

생물이 다양한 변이들을 낳고 변이들이 유전되기만 하면

자연선택은 당연히 뒤따라 일어나는 결과적인 현상인 것이다.

어쩌면 통계적인 결과라는 것이 자연선택의 올바른 표현일지도 모른다…
원동력이나 원인이라는 표현은 과장일 수 있다.

젊은 날 다윈의 모험은 이렇게 일단락되었다.

다윈은 자신의 경험과 연구를 집대성하는 작업에 돌입한다.
이미 핵심적인 내용은 완성해놓았다.

하지만 그 후 《종의 기원》이 세상에 나오기까지 20년을 기다려야 했다. 다윈은 자기 주장의 약점을 보완하려고 지나칠 정도로 신중하게 노력했.
자신의 이론이 종교적 논쟁을 불러일으키리라는 것을 잘 알고 있었기에 이에 대한 걱정도 있었다.
더불어 진화론이 품은 철학적 허무함도 문제였다.

# EVOLUTION EXPRESS

# EVOLUTION EXPRESS

## CHAPTER 04

# 다윈 이론의 좌절과 성공

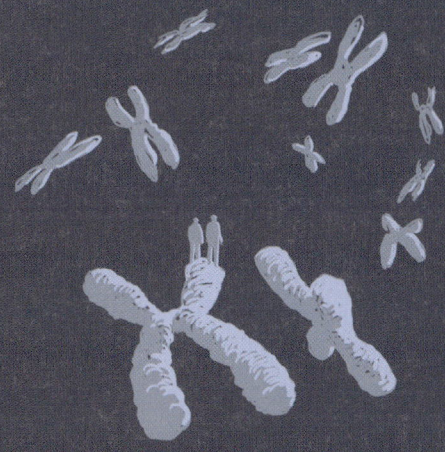

나의 과학적 연구는 나에게 대단한 만족을 안겨주었소.
그리고 오래지 않아 세상이 나의 업적을 인정해줄 거라고 확신하오.
―그레고어 멘델

싹이 나서 자라는 과정을 빠짐 없이 관찰해야만 나는 정말로 안다는 느낌이 들었어요.
제가 다 씨를 뿌리고 키웠지요. 식물과 그렇게 깊은 관계를 맺는 게 저한테는 커다란 기쁨이었어요.
―바버라 매클린톡

과학은 설명하려고 노력하지 않는다. 과학은 해석하려고 들지도 않는다. 과학은 주로 모델을 만든다.
그 모델이란 언어적 해석이 가미된 것으로 관찰된 현상을 묘사하는 수학적 건물이라고 할 수 있다.
―존 폰 노이만

다윈의 자연선택은 아직 가설에 머물고 있었다. 다양한 변이를 가진 생물이 태어나는 원리를 몰랐고, 변이들이 반드시 유전되는 것인지도 확실치 않았다. 다윈의 곁에는 믿을 만한 유전 이론이 없었다. 다른 많은 과학 이론들이 그랬듯이, 다윈의 자연선택은 흥미로운 학설 정도로 잊혀질 수 있었다. 다행히도 멘델의 유전 이론, 염색체의 발견, 유전 현상의 원리가 등장하고, 이것들은 쓰러져가는 다윈의 자연선택을 일으켜 세운다. 새롭게 등장한 유전 이론은 다윈의 이론과 결합하여 생물 진화의 통합 이론으로 발전한다. 진화론에도 이론가의 전성시대가 시작된다.

## 유전 이론을 절실히 원하다

생물은 유리한 변이가 선택되면서 진화한다. 이러한 자연선택이 성립하기 위해서 다윈이 전제한 것이 있다.

일단 **다양한 변이**를 가진 자손들이 태어나야 하고

다음으로 그 **변이**가 다음 **자손으로 유전**되어야 한다.

이러한 유전 원리가 사실이어야 자연선택이 작동한다.

아쉽게도 다윈의 시대에는 유전에 대한 지식이 빈약했다.

참 요~란하다.

빈 수레

《종의 기원》이 나오고 나서도 여전히 기존의 *혼합 유전 이론이 널리 통용되고 있었다.

이게 참… 그럴싸하긴 해.

자손의 형질은 부모의 형질이 반반씩 섞여 나타난다는 이론이다.

하지만 혼합 유전 이론은 자연선택 이론과 양립할 수 없다.

잡아봐요 쫌~

혼합 유전 이론이 사실이라면 생물의 특징은 세대를 거듭할수록 점차 희미해지고 사라지게 된다.

이래서는 자연선택이 작동할 수 없다.

유리한 변이를 축적시키는 것이 자연선택이기 때문이다.

***혼합 유전**(blending inheritance) : 멘델의 유전 이론이 나오기 전에 일반적으로 받아들여진 이론. 두 부모의 특징이 섞여 자손에게 유전된다고 보았다.

이때 새로운 유전 이론이 등장하여 다윈의 이론에 심폐소생술을 한다.

*멘델의 유전 이론이 발견되지 않았더라면 다윈의 이론은 한낱 학설로 남아 있다가 잊혀질 수도 있었다.

멘델의 유전 이론이 발견되었다고 표현한 이유는 말 그대로 나중에 발견되었기 때문이다.

***그레고어 멘델**(Gregor Johann Mendel, 1822~1884) : 오스트리아의 성직자이자 박물학자. 유전학의 시조로 불리고 있다.

# 다윈 이론의 구세주 멘델

그동안 생물을 연구하는 데 있어서 정량적인 방법이나 수학을 쓰는 경우는 없었다.
물리학이나 화학 분야에서는 흔했지만 말이다.

*멘델 법칙의 재발견 : 다윈이 그토록 찾아헤맸던 유전 이론이 그가 살아 있을 때 이미 나와 있었지만, 다윈은 전혀 눈치채지 못하고 있었다. 멘델의 법칙은 1900년에 세 명의 생물학자에 의해 거의 동시에 재발견된다. 그 세 사람은 앞서 소개한 네덜란드의 휘호 더프리스와 독일의 카를 코렌스(Carl Correns, 1864~1933), 오스트리아의 에리히 체르마크 폰 세이세네크(Erich Tschermak von Seysenegg, 1871~1962)다.

## 다윈 이론의 고도화

유전자는 서로 섞여서 사라지지 않는, 물질에서의 원자 같은 입자이다. 여러 가지 형질들을 결정하는 **유전자는 서로 독립적으로 존재한다.** 마치 입자처럼.

**독립의 법칙**

어떤 형질, 예를 들어서 꽃의 색깔 같은 형질을 결정하는 유전자가 있다.

형질을 결정하는 유전자 두 개가 짝을 지어 한 가지 형질을 결정한다는 것이 중요하다.

**우열의 법칙**

이때 두 개의 유전자 중에 우성유전자가 형질을 나타낸다.

이렇게 짝지어 있던 두 유전자는 생식세포가 만들어지는 과정에서 무작위로 분리되어 생식세포 하나에 한 개씩 들어가게 되고,

암수의 두 생식세포가 결합하여 수정되면서 형질을 결정하는 유전자 두 개를 가진 개체가 만들어진다.

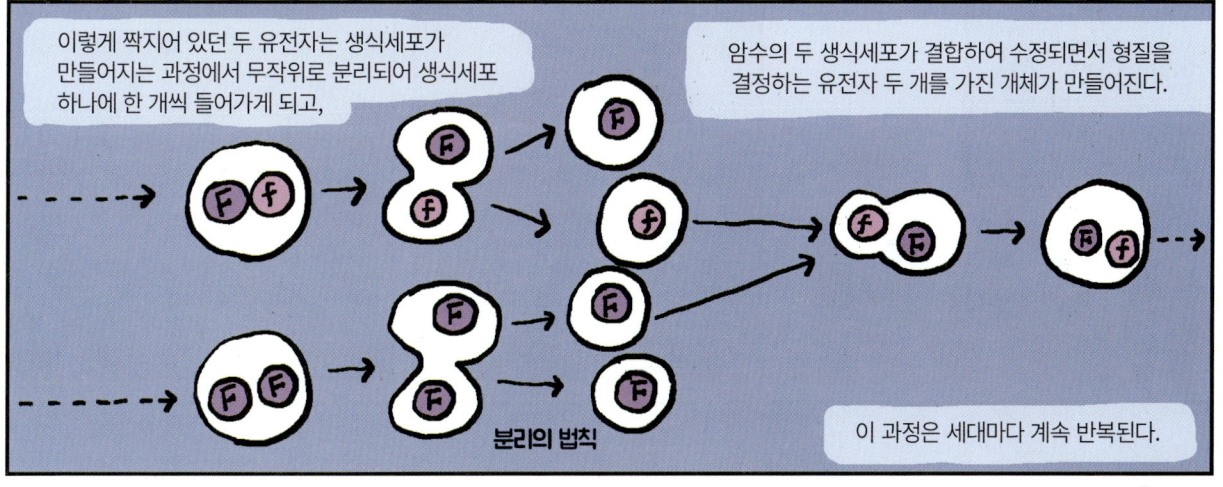

**분리의 법칙**

이 과정은 세대마다 계속 반복된다.

후에 \***모건**은 초파리를 교배시키는 실험을 통해서 멘델의 이론이 타당하다는 것을 재확인하는 것에 그치지 않고 몇 걸음 더 나아가는데…

\***토머스 모건**(Thomas Hunt Morgan, 1866~1945) : 초파리 교배 연구를 통해 염색체에 유전정보가 있다는 사실을 입증했다. 이를 통해 유전학을 과학의 반열에 당당히 올려놓았다.

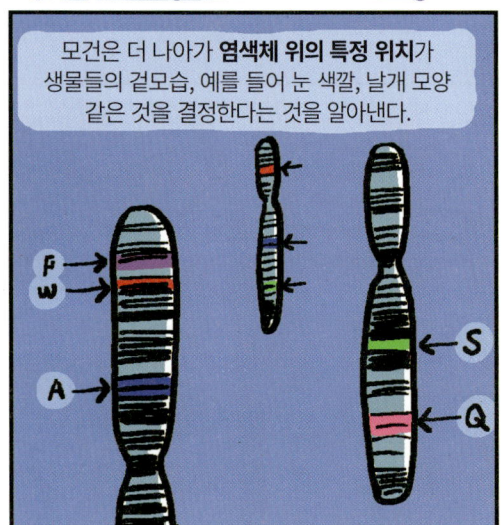
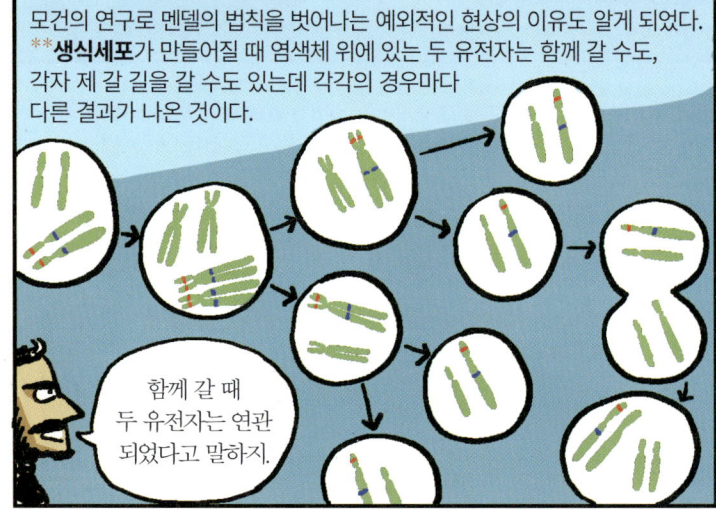

*염색체(chromosome) : 세포 분열 중에 뚜렷하게 응축되는 염색체를 관찰할 수 있다. 진핵생물의 세포 안에는 모양과 크기가 같은 염색체가 두 개씩 쌍을 이루어 발견되는데, 이를 상동염색체(homologous chromosome)라고 부른다. **생식세포(germ cells) : 생식 과정을 통해서 유전 정보를 다음 세대로 전달하는 세포. 이에 반해 생물의 몸을 구성하는 세포를 체세포(somatic cell)라고 한다.

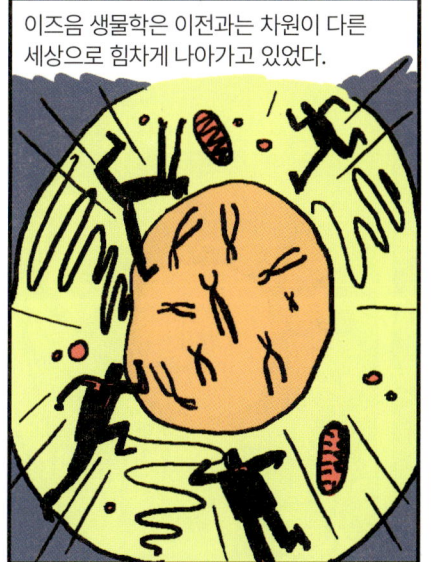

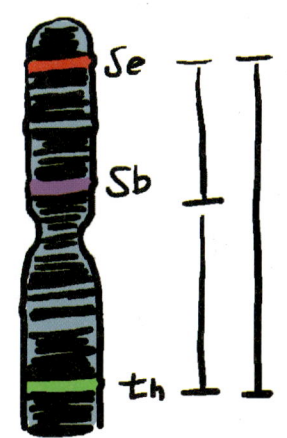

***교차**(crossing over) : 생식세포를 만드는 감수분열 과정에서 염색체들이 서로 꼬이면서 상동염색체의 대립유전자 사이에 재조합이 일어나는 현상. ****교차율**(crossing over value) : '교차가'라고 불리기도 한다. 교차가 일어나는 비율을 뜻한다. '교차율(%) =(교차가 일어난 생식세포 수÷F1의 전 생식세포 수)×100' 이런 식으로 구할 수 있는데… 어려운 내용이다. 관심 있는 분들은 더 자세한 설명을 찾아보시길. 아니면 《게놈 익스프레스》 승차!

---

※**아우구스트 바이스만**(August Weismann, 1834~1914) : 독일의 생물학자. 생물의 세포를 생식세포와 체세포로 구분했고, 생식질 연속설을 주창했다.

바이스만은 다윈의 진화 이론과 관련해서 중요한 두 가지 이야기를 한다.

첫째, 다양한 변이의 이유에 대해서 말한다.

암수에서 생식세포가 각자 만들어지고 이들이 수정하는 과정 속에는 유전적 제비뽑기와 뒤섞임이 있는데

이를 통해서 수많은 조합이 탄생할 수 있다.

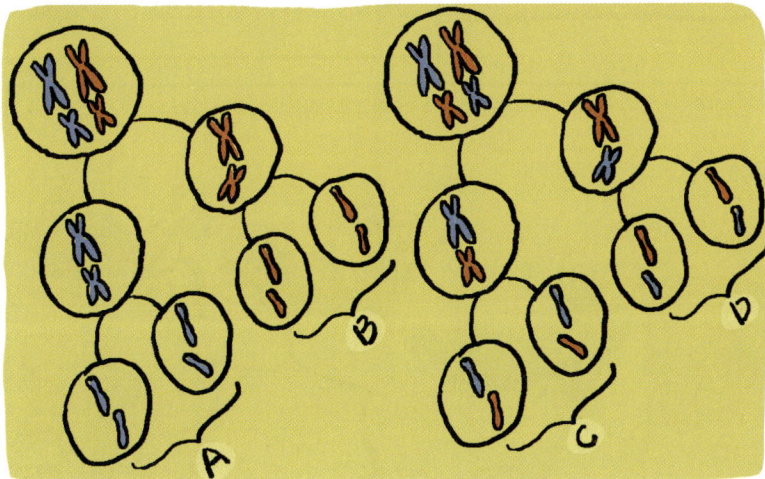

두 쌍의 염색체만 가지고 가장 단순한 예만 만들어봐도 염색체 배열 조합이 이렇게 네 가지나 나올 수 있다. 보통 생물은 수십 쌍의 염색체를 가지고 있으니 생식세포가 만들어질 때 염색체가 조합되는 경우의 수는 엄청나게 커진다.

참… 게다가 옆의 모델은 교차는 아예 뺀 상태라는 것이다. 교차까지 감안하면 실제로 발생하는 경우의 수는 무지막지해진다.

아직 끝나지 않았다. 암수의 생식세포가 결합해서 염색체들이 합해지는 단계를 더하면 경우의 수는 우주적 스케일로 커진다.

무작위적인 변이 형성은 실제로 일어나는 일이다.

바이스만의 두 번째 이야기는 변이는 실제로 유전된다는 사실과

라마르크의 이론을 반박하는 내용을 담고 있다.

내 이론 뭐?

***생식질 연속설**(germ plasm theory) : 유전되는 정보가 체세포가 아닌 생식세포(정자, 난자)의 생식질(germ plasm, 바이스만이 만든 용어)을 통해서만 전달된다는 개념. 바이스만은 생식질이 세포의 핵 안에 있는 것으로 추정했다.

생명체가 살면서 얻는 형질의 변화에 의해 일어나는 것도 아니다.

무작위적인 제비뽑기와 뒤섞기, 여기에 자연선택이 더해지면서 진행되는 것이 바로 진화다.

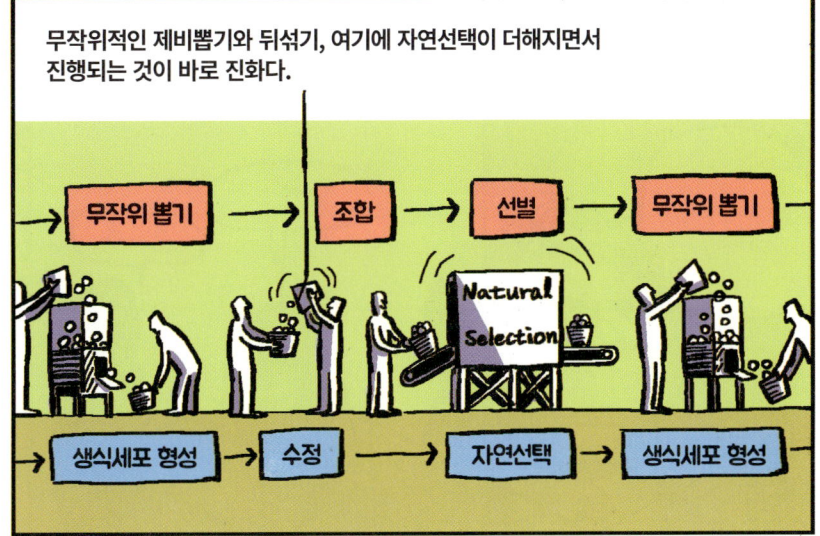

바이스만과 모건의 연구는 신진 생물학자들에게 바톤을 넘겨준다.

그동안 생물학에 관심이 없었던 이공 계열의 젊은 학자들은 생물학의 새로운 조류에 매력을 느꼈고, 이 중엔 *피셔, 홀데인, 라이트 같은 이들이 있었다.

수학으로 무장한 젊은 생물학자들의 등장이다.

이들은 생명체의 진화와 유전자의 관계를 수학적 이론으로 만들고 싶었다. 이들은 모건의 연구를 분석하면서 이것이 가능하다고 느꼈다. 하지만 처음부터 문제가 좀 있었다.

*__로널드 피셔__(Ronald Aylmer Fisher, 1890~1962) : 영국의 농학자, 통계학자. __존 홀데인__(John Burdon Sanderson Haldane, 1892~1964) : 영국의 생리학자, 유전학자. __수얼 라이트__(Sewall Green Wright, 1889~1988) : 미국의 유전학자. 위의 두 영국 학자와 더불어 다윈의 진화 이론과 멘델의 유전법칙을 결합하여 '현대 종합 이론(The Mordern Synthesis)'을 구축했다.

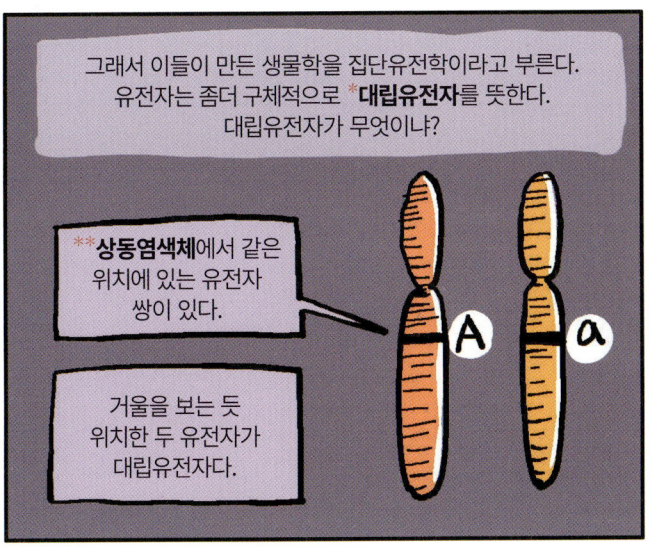

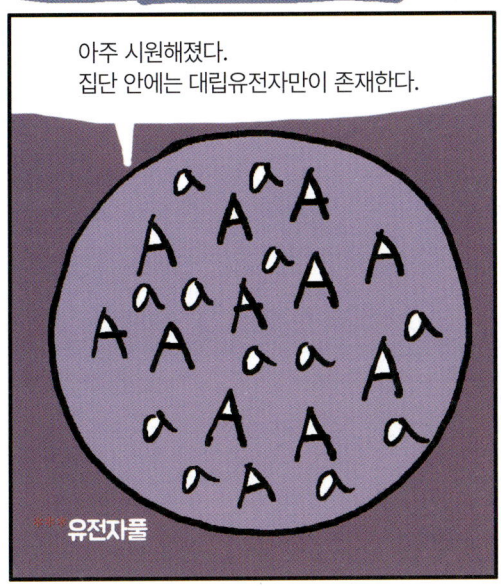

***대립유전자**(allele) : 상동염색체에서 동일한 위치에 있으며 특정 형질을 나타내는 최소의 단위. 모계와 부계에서 하나씩 전달받는다. ****상동염색체**(homologous chromosome) : 세포 안에 쌍으로 있는 크기와 모양이 같은 염색체. 수정 과정을 통해서 하나는 모계로부터 다른 하나는 부계로부터 온 것이다. ****유전자풀**(gene pool) : 멘델집단을 구성하는 전 개체가 가지는 유전자 전체. 같은 유전자풀에 속하는 개체들 간에는 자유로운 교배가 이루어지고 유전자가 교환된다.

*하디-바인베르크 평형(Hardy-Weinberg equilibrium) : 세대가 지나가도 각 대립유전자의 빈도는 일정하게 유지되는 상태를 말한다. **멘델집단(mendelian population) : 개체군의 크기가 무한하고, 집단 내에서 개체간 교배가 무작위적이고, 외부의 다른 집단과의 유전자 흐름이 없으며, 모든 개체들의 번식율이 동일하고 멘델의 법칙이 완벽하게 적용되는 이상적인 집단. 하디-바인베르크의 원리가 성립하는 집단. 미국의 집단유전학자 테오도시우스 도브잔스키(Theodosius Dobzhansky, 1900~1975)가 만든 용어다. ***유전자 흐름(gene flow) : 한 집단에서 다른 집단으로 유전자가 이동하는 것.

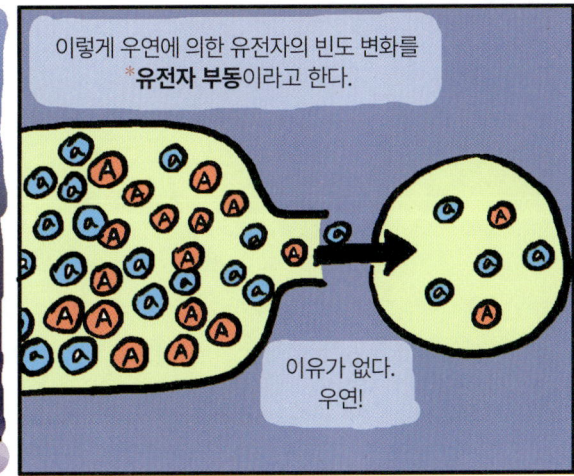

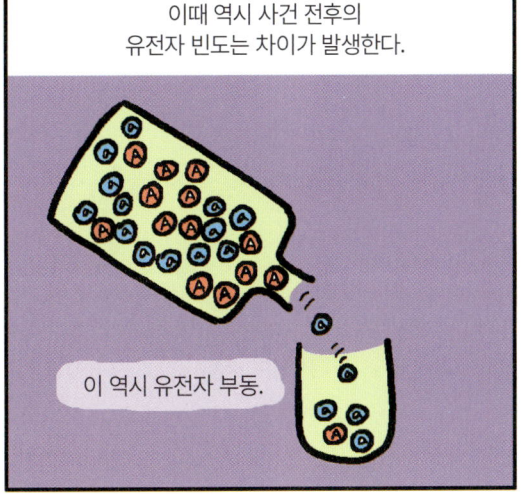

***유전자 부동**(gene drift) : 병목현상(bottleneck effect)과 비슷한 의미를 가진 용어로 개체들의 생식 과정에서 무작위 표집으로 나타나는 대립유전자의 빈도 변화를 말한다. 특히 집단의 크기가 작을수록 무작위 표집은 집단 내에서 대립유전자의 빈도가 요동치게 한다.

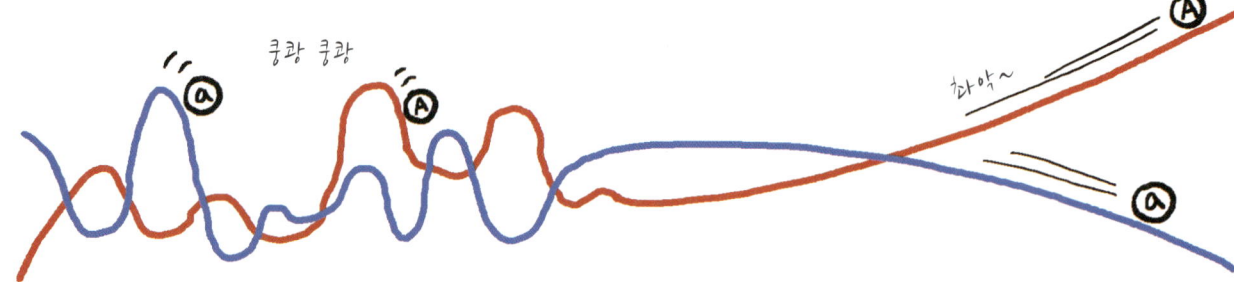

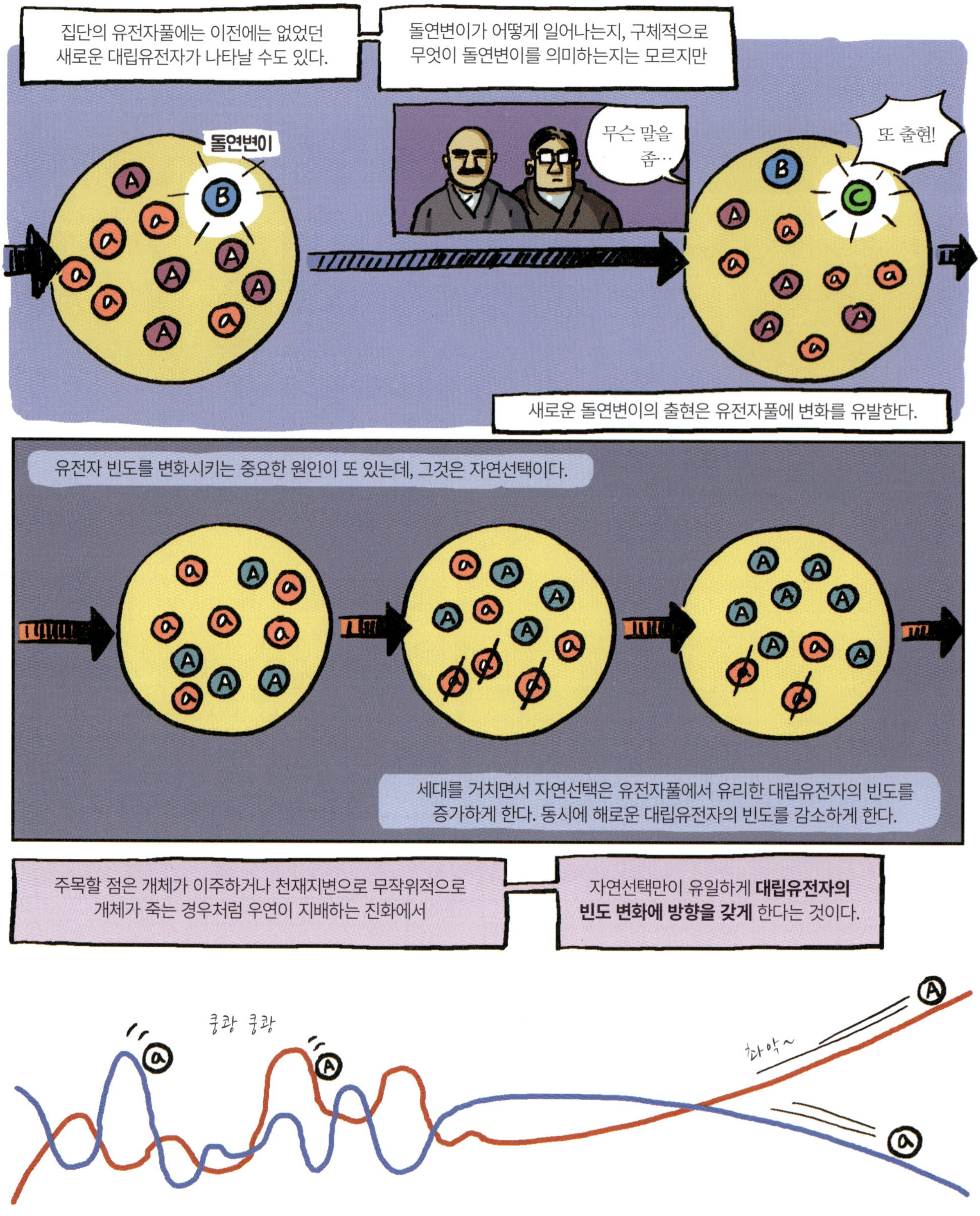

# EVOLUTION EXPRESS

## CHAPTER 05

# 이론은 이제 그만

역설적이지만, 분자유전학을 통해 유전물질에 대해서 알아갈수록,
유전자가 정말 무엇인지 갈수록 모호해진다.
– 마리오 붕헤와 마틴 마너

진화론 그 자체는 더 이상 현대적 사상을 지닌 저자들을 위한 이론이 아니다.
그것은 이제 지구가 태양 주위를 도는 것만큼이나 명백한 사실이다.
– 에른스트 마이어

생명의 진화 이론이 아무리 체계적일지라도, 실제로 생명체가 걸어왔던 진화의 길을 알려주지 못한다. 생명의 진화 이론은 말 그대로 이론에 머물러 있다. 이제 다른 방법으로 생명의 진화를 밝혀내야 한다. 이론가가 아닌 탐험가의 노력이 필요할 때가 왔다. 구체적으로 무슨 일이 있었는지를 알아야 한다. 너무나 어려운 일이며, 수없이 많은 분야를 탐구해야만 한다. 탐험가들은 이렇게 외쳤다. "우리는 끝까지 해낼 것입니다. 우리는 지층에서 알아낼 것이고, 암석에서 알아낼 것이고, 세포에서 알아낼 것이고, 유전체에서 알아낼 것입니다. 우리는 결코 포기하지 않을 겁니다."

*바버라 매클린톡(Barbara McClintock, 1902~1992) : 미국의 유전학자이며 전이인자를 발견했다.

*스티븐 제이 굴드(Stephen Jay Gould, 1941~2002) : 미국의 진화생물학자. 당대 가장 유명한 교양과학 작가이기도 하다. 단속평형설(punctuated equilibrium)은 그의 가장 큰 업적으로 남았다. 생물이 점진적으로 분화한다는 다윈의 가설과 달리 생물은 오랜 기간 동안 안정적으로 종을 유지하고 특정한 짧은 시간 동안 종 분화가 집중된다는 이론이다.

20세기 초반 과학에서는 이론가들의 활약이 눈부셨다. 이론의 힘은 실로 위대했다.

이론은 물론 실제가 아니라 모델이었지만, 너무나 정확해서 실제를 이론과 동일시할 정도가 되었다.

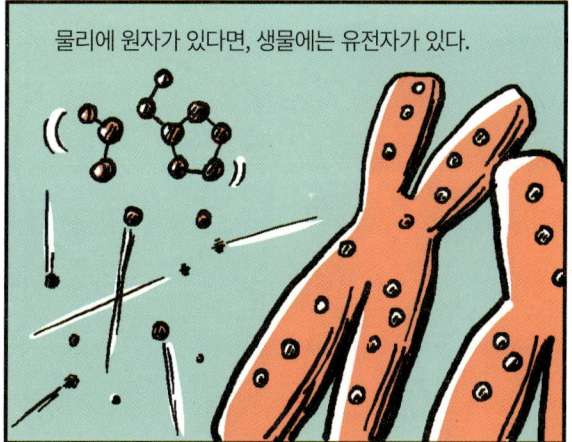

＊**열역학**(thermodynamics) : 열(heat), 일(work), 온도, 에너지 등의 관계를 다루는 물리학 분야.

139

유전자에 대해서 몰라도 너무 몰랐다. 상자 안에 모르는 것을 잔뜩 욱여넣어서, 이것을 유전자라고 해놓은 느낌이 없지 않다.

## 반박할 수 없는 진실

## 이론가들이 아닌 기술자들의 공로다.

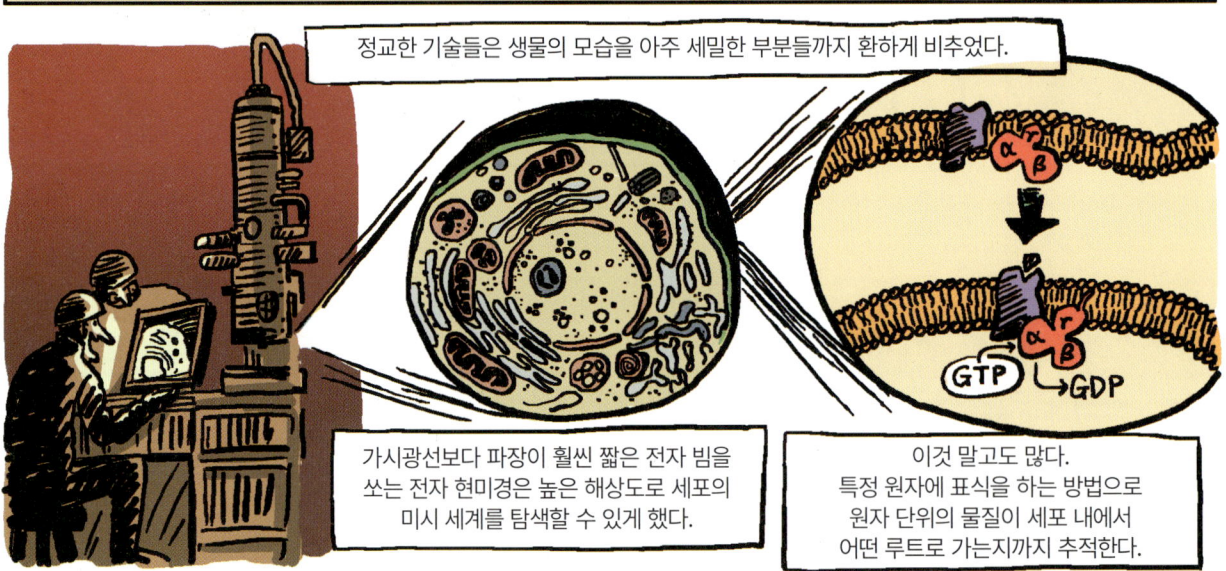

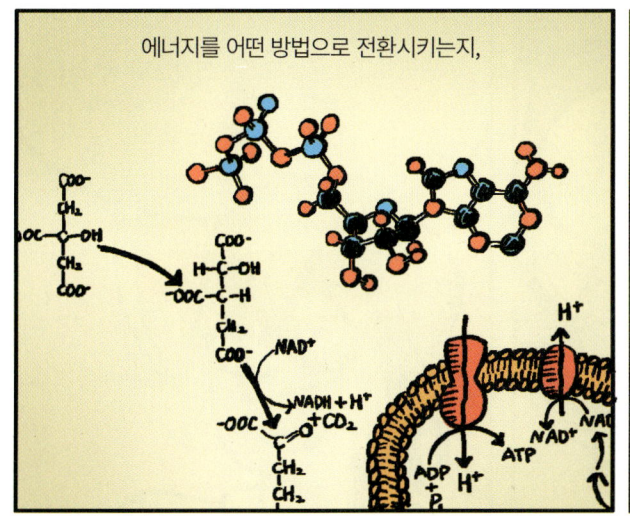
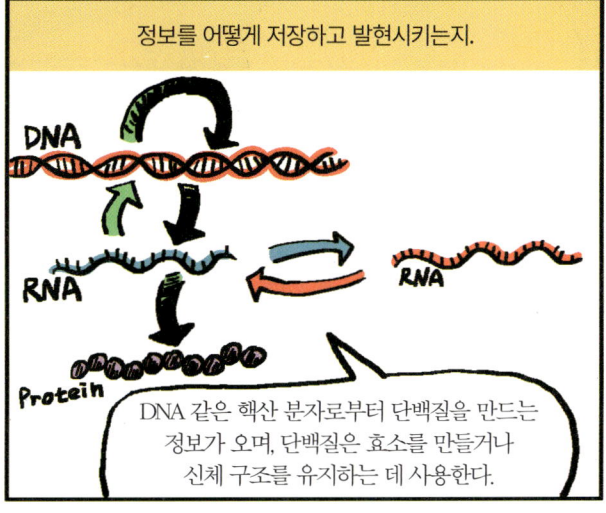
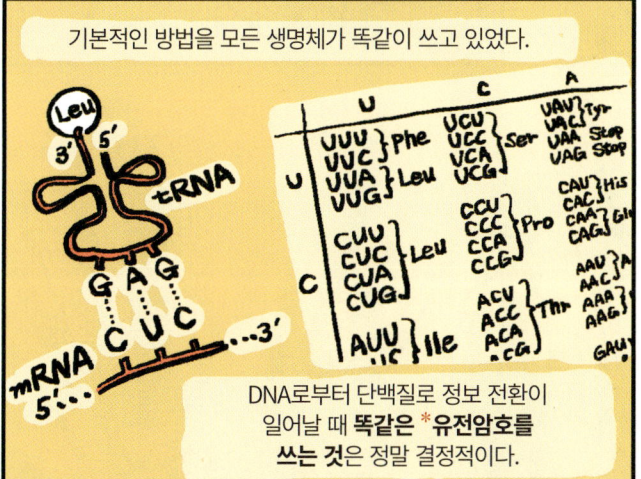

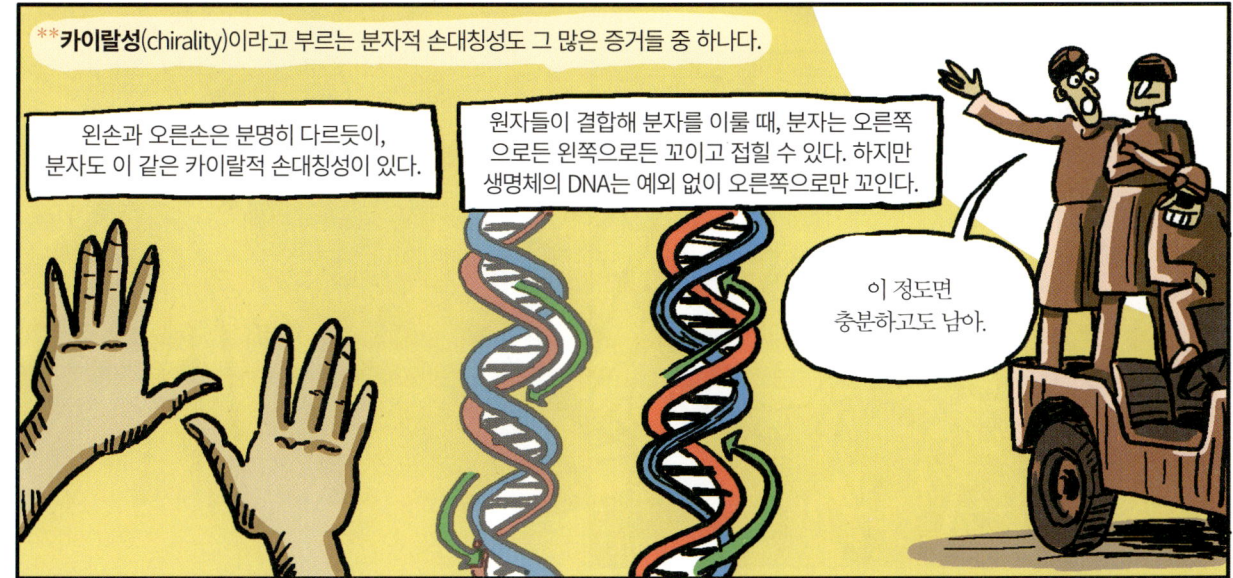

* **유전암호**(genetic code) : 단백질 합성 과정에서 DNA나 RNA의 염기 서열을 단백질을 구성하는 아미노산 서열로 바꿔주는 규칙.
** **카이랄성**(chirality) : 손대칭성이라고도 한다. 사람의 두 손은 구조적으로는 닮았지만 아무리 돌리고 방향을 바꾸더라도 서로 겹쳐지지는 않는다. 화학에서 카이랄성은 두 분자가 서로 거울을 바라보듯 닮았으나 겹쳐지지 않는 구조를 가리킨다.

그러나 20세기의 문을 열어젖히면서 물리학, 핵물리학, 양자역학과 같은 새로운 분야로 들어가고 있었다.

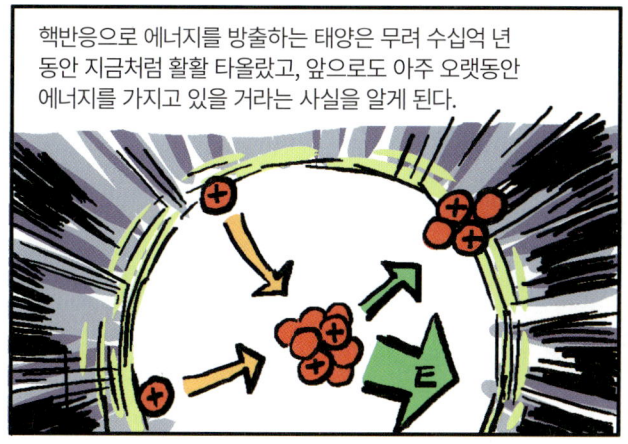

예전에는 알 수 없었던 정확한 시기를 계산할 수 있게 되었다.

---

\* **절대 나이**(absolute age, absolute chronology) : 주로 방사성 연대 측정에 의해 얻어진 물질의 나이.
\*\* **켈빈 경 윌리엄 톰슨**(Lord Kelvin, William Thomson, 1824~1907) : 과학적 공로를 인정받아 켈빈 남작의 작위를 받은 윌리엄 톰슨은 열역학, 전자기학, 지구물리학, 심지어 항해술까지, 다방면에 수많은 업적을 남긴 당대 가장 존경받는 과학자였다.

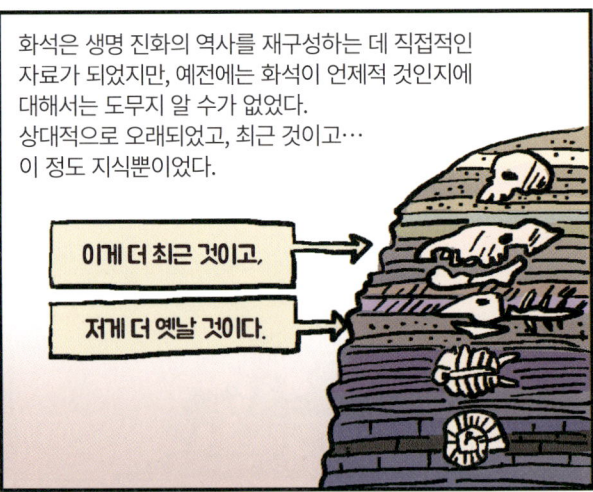

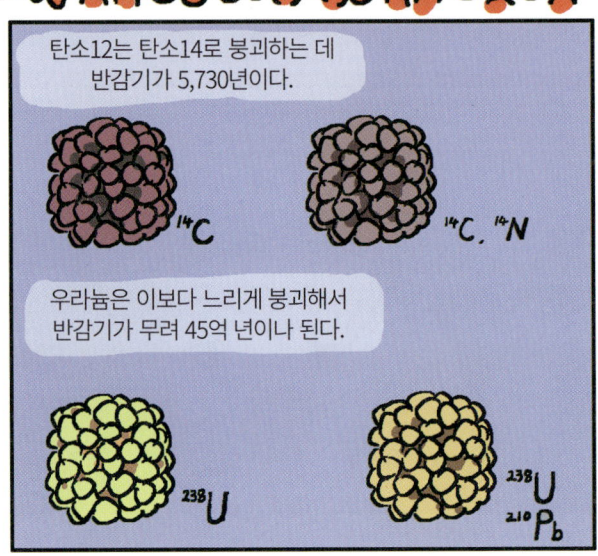

***동위원소**(isotope) : 원자번호(atomic number)는 같지만, 질량(mass number)이 다른 원자를 의미한다. 현대 과학에서는 이들을 같은 수의 양성자(proton)을 갖지만, 중성자(neutron)의 수가 다른 원소로 해석한다. 동위원소들은 종류에 따라서 다른 방식으로 붕괴한다. 특유의 에너지를 가진 방사선을 방출하고 동위원소로 붕괴하면서 안정화된다.

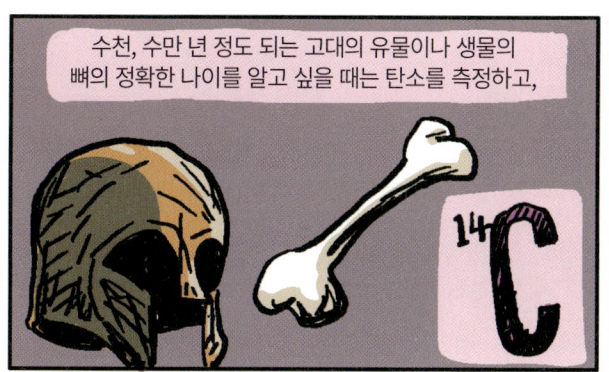

분자생물학자들도 이와 동일한 방식의 추리를 한다.

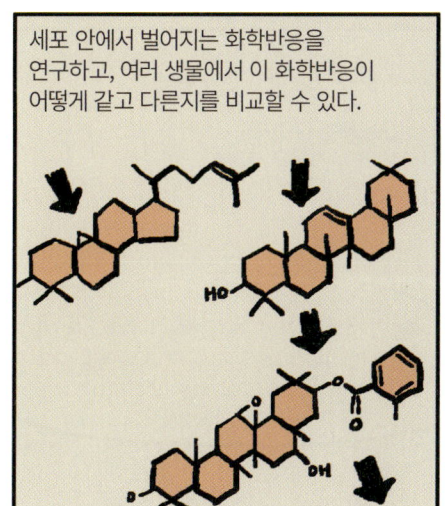

DNA 서열 연구를 통해서 전체 생물군은 크게 세 개의 영역으로 분기된 것으로 파악되었다.

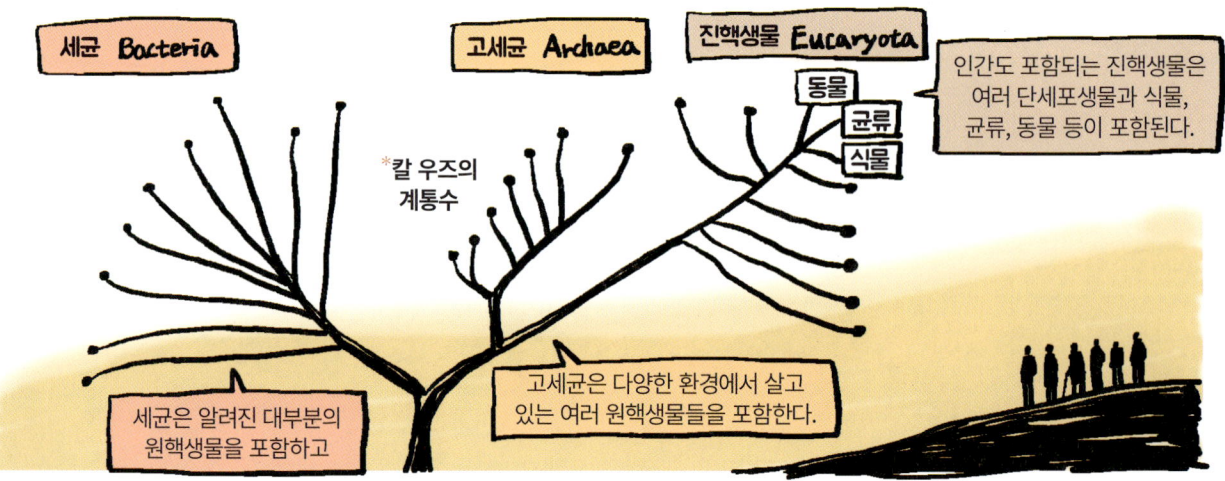

\*칼 우즈(Carl Richard Woese, 1928~2012) : 우즈 이전에는 생물을 크게 식물, 동물, 균류, 원생동물, 원핵생물 등으로 나누었다. 우즈는 세균들의 염기 서열을 분석한 끝에 기존의 세균을 진정세균(bacteria)과 고세균(archaea)으로 나눠야 한다고 주장했다. 그 후 학계에서 그 타당성을 인정해서 현재는 3역 분류 체계를 갖게 되었다. 진정세균역, 고세균역, 진핵생물역(eukarya)이다.

*에디아카라기(Ediacaran) : 선캄브리아 시대의 최후 시기에 해당하는 지질학적 시기. 약 6억 3500만 년 전부터 5억 4100만 년 전까지의 시기. 에디아카라기라고 명명한 이유는 이 시기의 화석들이 무더기로 발견된 곳이 오스트레일리아의 에디아카라 지역이기 때문이다. **삼첩기(Triassic period) : 중생대를 셋으로 나누어 그중 첫 번째 기간을 말하며 약 2억 3000만 년 전부터 1억 8000만 년 전까지의 시기다.

# EVOLUTION EXPRESS
## CHAPTER 06

# 가장 거대한 역사

원래 극소수 또는 하나의 형상에 몇 가지 능력과 함께 숨결이 불어 넣어졌고,
그 뒤 이 행성이 정해진 중력 법칙에 따라 계속 도는 동안에,
처음에 그토록 단순했던 것에서 가장 아름답고 가장 경이로운 무수한 형상들이 진화해왔고
지금도 진화하고 있다는 이런 생명관에는 장엄함이 있다.
―《종의 기원》 마지막 문장

우주는 언제부터 시작되었을까? 이 표현은 다소 이상하다. 우주의 시작과 동시에 우리가 아는 시간, 공간, 에너지, 힘 등등 모든 것이 시작되었기 때문에 우주의 시작을 알려주는 시각이나 표시판을 흔히 떠올리곤 하지만, 이런 생각은 어딘지 이상한 데가 있다. 시간을 과거, 현재, 미래로 구분하는 것도 우리 인간이 정한 인식의 한 형태일지도 모른다. 아무튼 오늘날의 인간이 대체로 합의하는 방식으로 연구한 끝에 우주는 약 150억 년(20~30억 년 정도의 오차가 있을 수 있다) 전쯤부터 지속적으로 팽창하고 있다는 결론에 도달했다. 천문학의 여러 관찰 자료를 토대로 한 계산, 물질을 이루는 원자들의 비율 등 여러 가지 계산 결과가 이 숫자를 가리킨다. 우주의 과거는 현재와 결코 같지 않았으며, 지금도 계속 변화하고 있다. 과학자들은 특별할 것 없는 태양계 안, 전혀 주목받지 못하는 작은 행성에서 40억 년 전쯤에 현재 모든 생명체의 '최후의 조상'이 생겨났다고 추론한다. 최후의 조상이라고 하는 이유는 지구 탄생 이후 몇억 년 사이에 어떤 존재들이 생겨나서 진화하고 사라졌는지에 대해서 아무것도 모르기 때문이다. 현재 살아 있는 지구 생명체에게 유산을 남긴 유일한 마지막 조상이 대략 40억 년 전에 생겨났다는 것만 알 뿐이다. 이러한 장구한 역사를 어떻게 알았을까? 이 역사가 정말로 일어났던, 부정할 수 없는 사실일까? 과학 이야기를 할 때 부정할 수 없는 사실이라는 표현은 아끼는 게 좋을 것이다. 과학적 사실은 항상 수정되고 때론 뒤엎어지곤 했다. 재미있는 것은 과감한 수정이 일어날 만한 발견을 과학자들은 즐기고 있다는 것이다. 지금부터 오늘날 사람들이 대체로 동의하고 있는 가장 거대한 역사를 재구성해본다.

때는 138억 년 전

모든 것이 시작되었다.

시간, 공간, 물리 법칙, 힘, 물질…

138억 년이 어떻게 나온 거예요?

***항성**(fixed star) : 천구에 붙박여 움직이지 않는 점처럼 보여서 이런 이름이 붙었다. 천문학에서의 항성은 태양처럼 중력이 크고, 내부에서 핵융합 반응으로 많은 열을 생산해서 스스로 빛을 내는 천체를 뜻한다.

*두 개의 덩어리 : 여기에서는 태양계의 가장 큰 두 행성인 목성과 토성을 뜻한다.

막 태어난 46억 년 전의 지구 위…
이곳은 인간의 기준으로 봤을 때 너무 뜨겁고 해로운 방사능으로 가득 차 있다.

어린 행성은 한 번 자전하는 데 여섯 시간밖에 걸리지 않을 정도로 세차게 돌고 있고,
우주로부터 날아온 온갖 암석들에 사정없이 두들겨 맞고 있다.

그리고 5억 년쯤 지나서야 지구는 완연하게 차분해진다.
지구 대기는 냉각되었고 대기가 한껏 머금었던 수증기는 장대비가 되어 내린다.

장대비라는 표현은 부족해도 한참 부족할 것이다. 한 줄기의 빛조차 볼 수 없을 정도로 굵게,
양동이로 퍼붓는 듯한 장대비는 무려 4만 년간 지속되다가 이윽고 잦아진다.

이제 지구의 대부분은 물로 뒤덮였다.

그렇다고 평화로운 해변을 떠올리지는 말자.
강력한 우주선과 자외선이 구름 사이로 내리꽂히고
수면 위로 고개를 들고 있는 봉우리는 유독한 기체를 토해내고, 도무지 숨을 쉴 수가 없다.

> 숨쉴 생물이 없으니
> 그런 표현은 하지 말게.

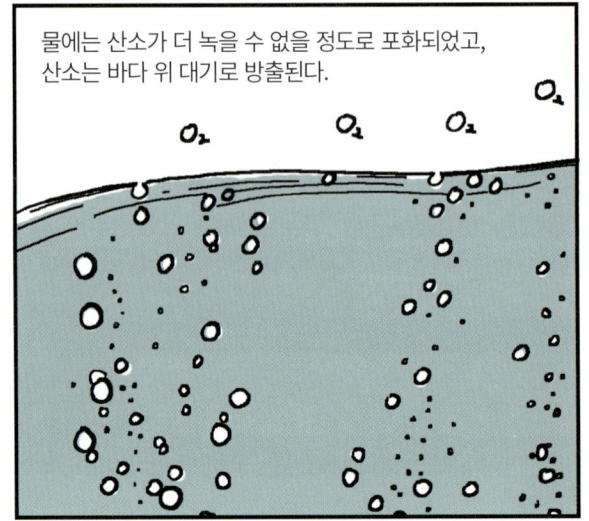

산소가 통하지 않는 환경에 있는 극히 일부의 세균들만 간신히 살아남았으며,
새롭고 혹독한 환경에서 살아갈 방법을 처음부터 다시 찾아야 했다.

남세균이 산소를 만든 지 10억 년이 지났지만, 현미경으로 보지 않는 한
지구에는 눈길을 끄는 것이 없다. 육지는 화성 표면과 흡사하다.

이때 중요한 사건이 발생한다.

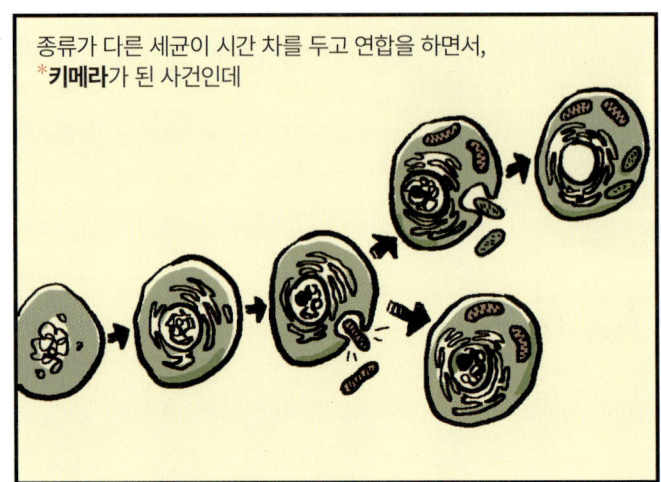

***키메라**(chimera) : 다른 종끼리 결합해서 새로운 종이 만들어지는 것. 키메라의 명칭은 그리스 전설 속의 사자 머리에 염소 몸, 뱀 꼬리를 가진 괴물의 이름에서 따왔다.

***진핵세포**로 이루어진 진핵생물이 출현한 것이다.

진핵세포는 보통의 세균과 달리 유전체를 가두는 핵막이 있고, 이 외에 많은 막들이 세포 안의 공간을 나누고 있으며, 소포체, 엽록체, 무지막지한 에너지를 뿜어내는 미토콘드리아 같은 소기관들이 즐비하다.

이런 이유로 덩치는 클 수밖에 없다. 진핵세포의 부피는 세균보다 10,000배나 더 크다.

**진핵세포**

**원핵세포**

진핵세포는 폭군 남세균과 달리 세균들과 사이 좋게 오랜 시간 함께 지낸다. 하지만 앞으로 일어날 엄청난 사건의 도화선이 된다.

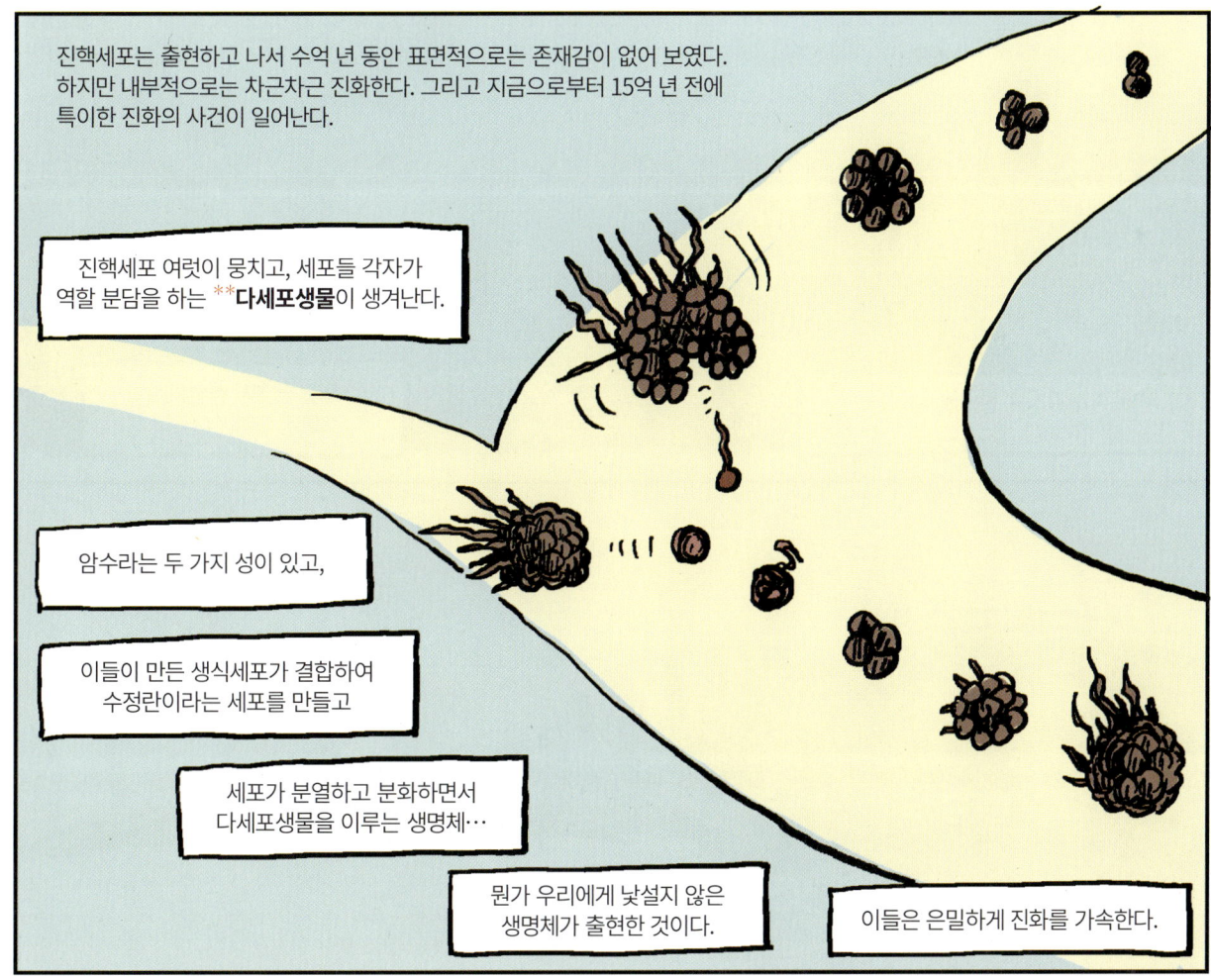

진핵세포는 출현하고 나서 수억 년 동안 표면적으로는 존재감이 없어 보였다. 하지만 내부적으로는 차근차근 진화한다. 그리고 지금으로부터 15억 년 전에 특이한 진화의 사건이 일어난다.

진핵세포 여럿이 뭉치고, 세포들 각자가 역할 분담을 하는 **\*\*다세포생물**이 생겨난다.

암수라는 두 가지 성이 있고,

이들이 만든 생식세포가 결합하여 수정란이라는 세포를 만들고

세포가 분열하고 분화하면서 다세포생물을 이루는 생명체…

뭔가 우리에게 낯설지 않은 생명체가 출현한 것이다.

이들은 은밀하게 진화를 가속한다.

\***진핵세포**(eukaryote) : 막으로 둘러싸인 핵, 다양한 세포 소기관을 가진 것이 특징이다. 세균과 바이러스를 제외한 모든 생물이 진핵세포로 이루어진 진핵생물에 속한다. \*\***다세포생물**(multicellular organism) : 여러 개의 세포가 모여서 이루어진 하나의 생명체. 다세포생물을 이루는 각각의 세포들은 혼자 독립적으로 살아가지 못하고, 하나의 개체로서 통일성을 유지하려 한다. 서로 물질을 주고받고, 호르몬 같은 물질을 통해 세포끼리 신호 전달을 한다.

맨눈으로 볼 수 있는 크기의 다세포생물이 나타난다. 대부분 연한 몸을 가지고 있다.

에디아카라기라고 부르는 6억 3500만 년부터 5억 4100만 년 전 사이의 시기에 다양한 조류, 동물, 식물이 생겨난다.

5억 3000만 년 전의 바다로 들어가보면 새로운 광경에 깜짝 놀라게 된다. 각양각색의 다세포생물이 헤엄치고 있고, 갑각류가 바닥을 기어 다니고 있다.

지금의 절지동물, 환형동물을 닮은 녀석들이 보이고, 낯선 것들도 보인다.

얕은 물에서 삼엽충이 우아하게 기어 다닌다.

예전의 말랑말랑한 생물들과 달리, ***캄브리아기**의 동물들은 발톱, 날카로운 가시, 몸을 덮는 단단한 껍데기 등으로 무장하고 있다.

수십억 년간 평화롭게 공존하던 생물 세계는 먹고 먹히는 살육의 시대로 바뀌었다. 박테리아들은 먹이가 되고, 덩치 큰 다세포생물들도 서로서로 잡아먹기 위해, 방어하기 위해 최선을 다한다.

\***캄브리아기**(Cambrian period) : 고생대 중에 가장 오래된 시기로 약 5억 4100만 년 전부터 4억 8540만 년 전까지의 시대이다. 캄브리아기에 접어들면서 지구의 기온은 상승했고, 해수면도 상승하여 넓은 지역에 생물이 살 수 있게 되었다. 전에 없던 해양 동물종이 갑자기 풍성해져서, 이 생명 탄생의 현상을 캄브리아기 대폭발(Cambrian explosion)이라고 부르기도 한다.

육지를 가득 메운 식물은 지구 대기의 산소 함량을 10배 이상 늘려놓는다.

늘어난 산소는 대기권 높은 곳에 *오존층을 만들었고, 오존층은 지구 밖에서 쏟아지는 자외선을 차단한다. 이제 육상 생물들은 자외선으로부터 한층 안전해졌다.

산소호흡기와 우주복을 벗어 던질 때가 되었다.

식물과 절지동물에 이어 네 개의 다리를 가진 척추동물이 뒤늦게 육지로 올라간다. 3억 6000만 년 전의 일이다.

물고기와 흡사한 이 녀석은 어설프게나마 공기 중의 산소를 들이마시고 힘겹게 땅을 기어다닌다.

이 녀석은 장차 땅을 박차고 뛰어다니고, 나무를 타고, 하늘을 날 모든 덩치 큰 생물들의 조상이다…

40억 년 지구 생물의 역사에서 마지막 2억 년 동안 드라마틱한 장면들이 펼쳐진다.

***오존층**(ozone layer) : 산소 원자 세 개가 결합하여 오존을 형성한다. 오존은 지구 상공 25킬로미터 높이에서 뭉쳐져서 얇은 오존층을 만든다.

수많은 종이 새로 생겨났고, 사라져갔다.

거의 다 왔다.

약 20만 년 전에, 처음엔 네 다리로 지상에 올라왔지만 특이하게도 이제는 두 다리로 땅을 딛고 걷는 종이 출현한다.

우꽤구핥퓹
뀨쮸무둥둥
꽈꽛우켜퓨

뭔 소리 하는 거야?

미친 놈!

이 종은 생명의 역사 40억 년을 하루 24시간으로 축소한다면

자정 종이 치기 전 5초 동안 살아왔으며

마지막 0.2초 전에 농경을 시작했다.

이들은 \*호모사피엔스다.

우리 인간이다.

\*호모사피엔스(homo sapiens) : 우리 인간의 정확한 학명은 '호모사피엔스사피엔스'이다.
넓은 의미의 호모사피엔스는 호모사피엔스사피엔스, 호모사피엔스 네안데르탈렌시스(네안데르탈인) 이렇게 두 종을 포함한다.

# EVOLUTION EXPRESS
## CHAPTER 07

# 현대 생물학이 말해주는 사실들

진화론이 틀렸다는 것을 증명하기 위해서는 선캄브리아대의 토끼 화석이면 충분하다.
— 존 홀데인

《종의 기원》 초기 판본에서 나는 너무나 많은 사태의 원인을 적자생존을 위한 자연선택이라고 생각한 것 같다… 나는 어떤 구조들이 있음을 충분히 생각하지 못했다. 적어도 지금 우리의 판단 능력 안에서 말하자면 이런 구조들은 유익하지도 않고 해롭지도 않다. 하지만 나의 책의 가장 큰 실수가 언젠가는 드러날 것이다.
— 찰스 다윈

과학 기술이 눈부시게 발전하자 생물학자들은 아주 작은 세포 속 분자의 구조까지 들여다볼 수 있게 되었으며 생명체의 경이로운 조직화 수준에 대한 경외심은 더욱 커졌다. 그러나 생물의 세부적인 구조나 작동 과정에 어떤 기적이나 미스터리는 존재하지 않았다. 과학자들이 설명할 수 있는 평범한 물리, 화학적 과정이 있었을 뿐이다. 생명이 신비로운 것은 신비로운 분자나 마법 같은 세부 과정이 있어서가 아니라 생명체라는 시스템의 놀라운 수준 때문이다. 그 정교함과 정확함만이 놀라운 것은 아니었다. 생명의 시스템은 구조상 애매하거나 때로는 오류가 일어날 여지가 있는 어설픈 구석이 존재하는데, 이 같은 미세한 틈은 반드시 필요한 것이기도 하다. 생명의 진화가 가능하려면 말이다. 박테리아부터 코끼리까지, 생물들의 구조는 제각기 생존을 유지하기 위해서 너무 정확하지도 너무 어설프지도 않은 적절한 정도로 정교했다. 누군가 그렇게 조정한 것도 아니다. 진화의 역사에서 그런 밸런스를 갖춘 녀석들이 살아남은 것뿐이다. 과거와 달리 과학자들은 생명체에게 신비한 분자나 신비한 현상 같은 것은 존재하지 않는다고 여긴다. 하지만 과학자들은 이제 자신감을 갖춘다. 모르는 것은 여전히 많지만 결국에는 알아내리라는 것도 잘 알게 된 것이다.

*눈덩이 지구(snowball earth) : 선캄브리아시대의 말미, 6~8억 년 전 즈음에 지구 전체를 뒤덮은 극심한 빙하기가 여러 차례 있었다는 가설.

*개연성(probability) : 어떤 일이 일어날지도 일어나지 않을지도 모르지만, 대체로 그럴 것이라고 예견되는 경우에 개연적이라고 말한다.

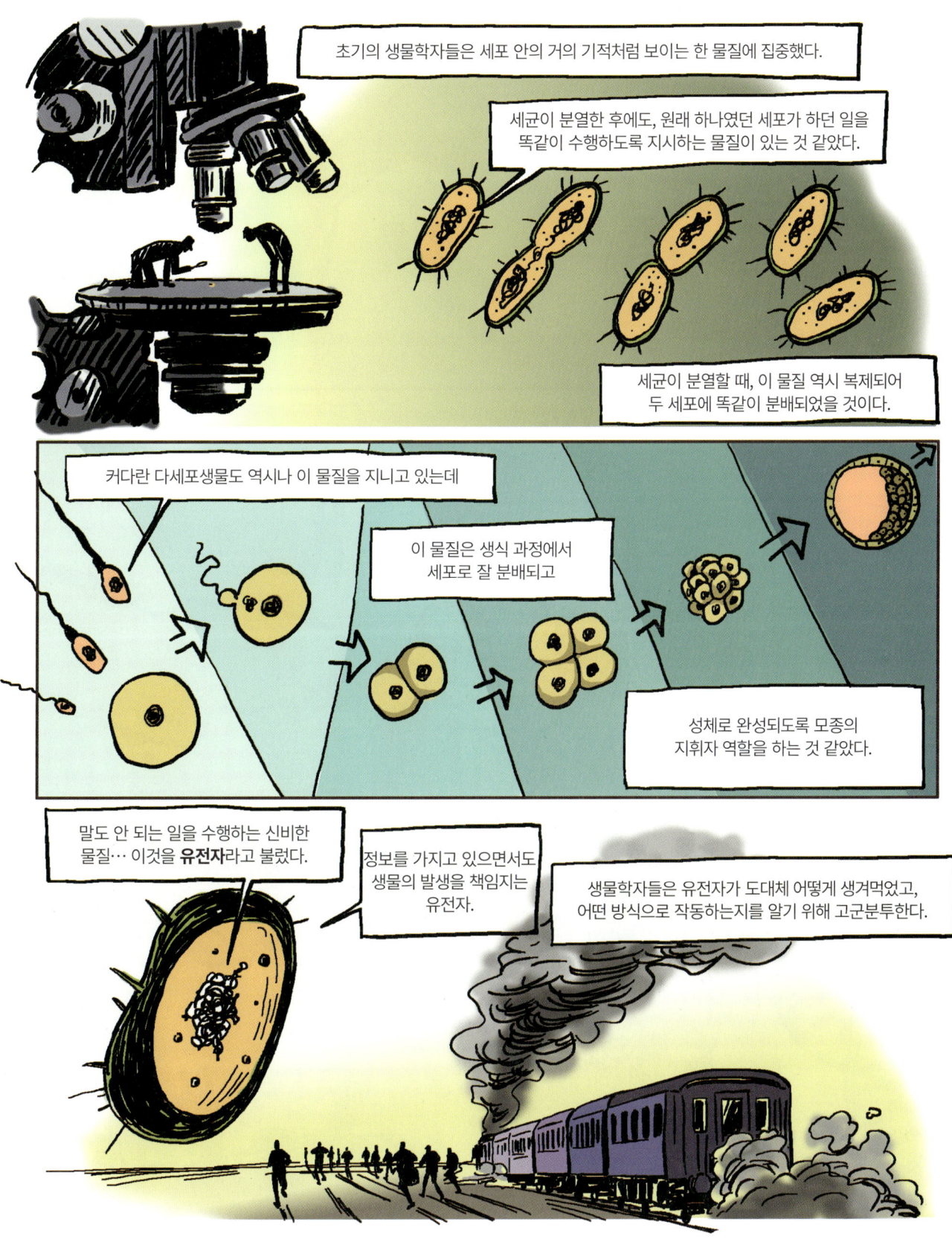

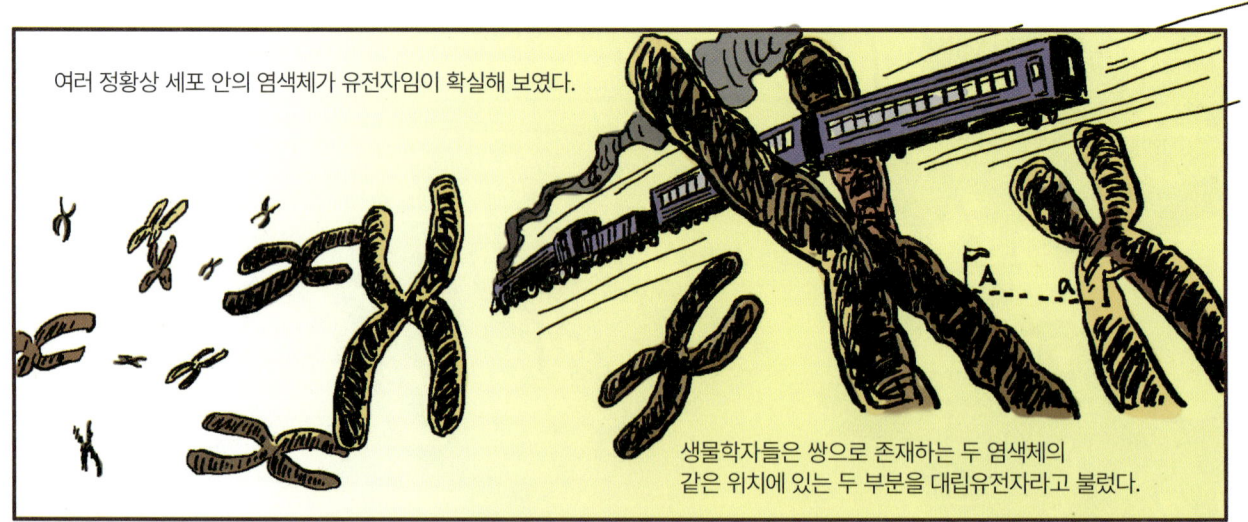

여러 정황상 세포 안의 염색체가 유전자임이 확실해 보였다.

생물학자들은 쌍으로 존재하는 두 염색체의 같은 위치에 있는 두 부분을 대립유전자라고 불렀다.

진화학자들은 대립유전자의 빈도 변화가 곧 생명체의 진화라는 이론을 만들었다.

유전자가 어떻게 작동하는지에 대해서 아는 것이 없었지만, 진화학자들은 대립유전자를 기초로 하는 근사한 진화 이론을 완성했던 것이다.

뭘 자꾸 아는 게 없다고 해요!

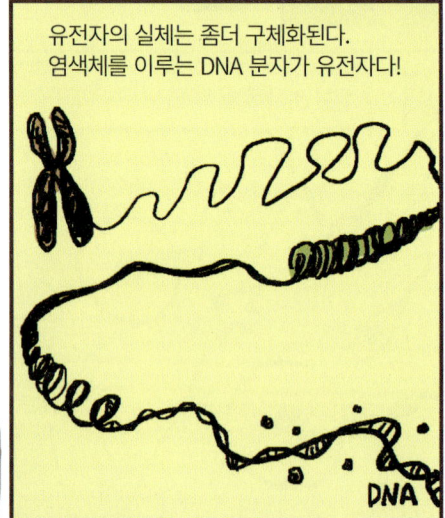

유전자의 실체는 좀더 구체화된다. 염색체를 이루는 DNA 분자가 유전자다!

엄청난 쾌거였다.

DNA 분자를 이루는 염기들의 1차원적 서열이 유전정보이며, 염기 서열은 단백질의 아미노산 서열로 유전암호를 통해 연결되어 있다는 것도 알게 되었다. 생물학이 과학의 주류로 떠오를 만큼 이때의 분위기는 대단했다.

그런데 문제가 나타난다.

***프리드리히 뵐러**(Friedrich Wöhler, 1800~1882) : 19세기 독일의 위대한 화학자. 유기 화학의 신호탄을 쏜 인물.

생명체의 정보가 어떻게 전달되는지는 DNA 같은 특정 분자만 보아서는 알 수 없다.
**유전정보가 온전히 전달되어 자손을 견고하게 재현해내는 원리는 시스템 전체를 보아야 알 수 있다.**

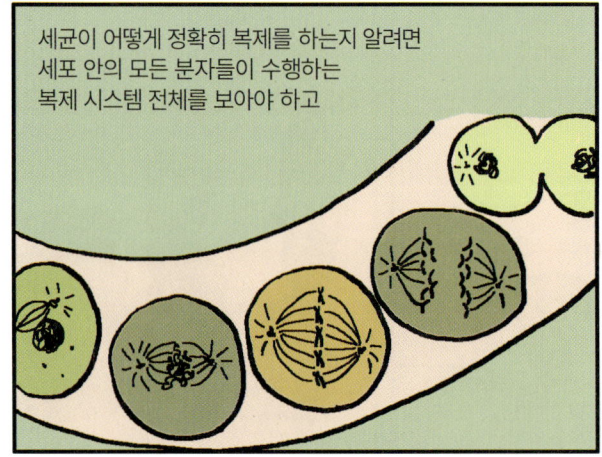

세균이 어떻게 정확히 복제를 하는지 알려면 세포 안의 모든 분자들이 수행하는 복제 시스템 전체를 보아야 하고

다세포생물이 어떻게 부모를 정확히 재현할 수 있는지 알려면 발생의 전 과정을 살펴봐야만 한다.

다 봐야 해…

DNA는 자신이 놓여 있는 맥락 안에서 아미노산 서열 정보를 제공하는 자신의 일을 묵묵히 수행하고 있을 뿐이다.
다른 모든 분자들이 그러는 것처럼.

난… 그냥 내 일만 하는데요.

신비한 분자가 따로 없듯이, 개별적인 과정들을 다시 보면 신비한 과정도 딱히 없다.

알 수 없는 무엇으로부터의 지시는 찾을 수 없으며, 단지 물리, 화학 법칙대로 분자들이 움직이고 있다.

생명체의 복제가 완수된 걸 보면 마치 마법처럼 느껴질 수 있다.

하지만 우리는 어떤 마법 같은 성과가 마법 지팡이로부터 나왔다고 하는 것보다

평범한 사람들의 노력으로 이루어졌다고 하는 것에 더 감동을 받는다.

생명체의 복제 과정을 보면 바로 이런 종류의 감동이 느껴진다.

세균이 복제되는 과정은 수많은 분자들의 유기적인 협동 과정이다.

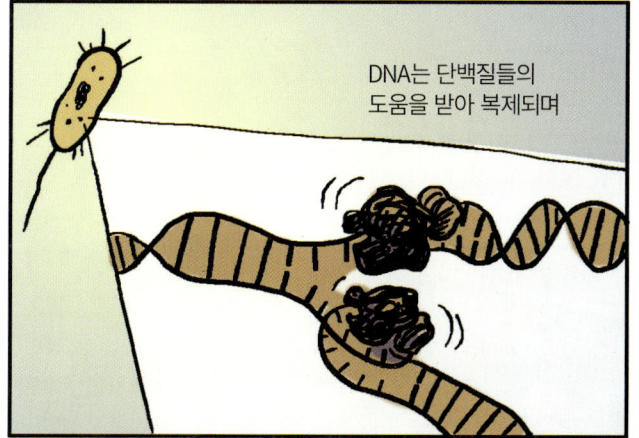
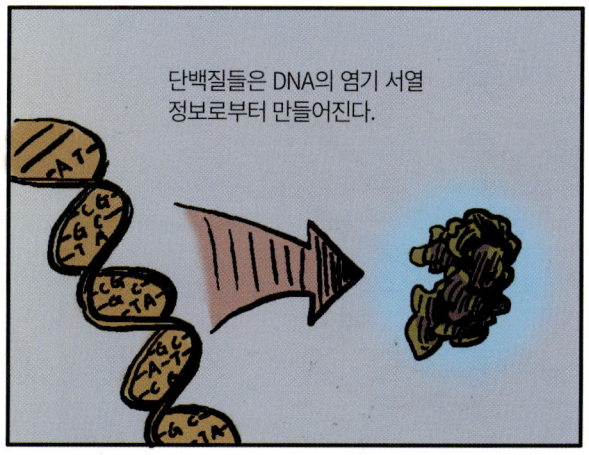

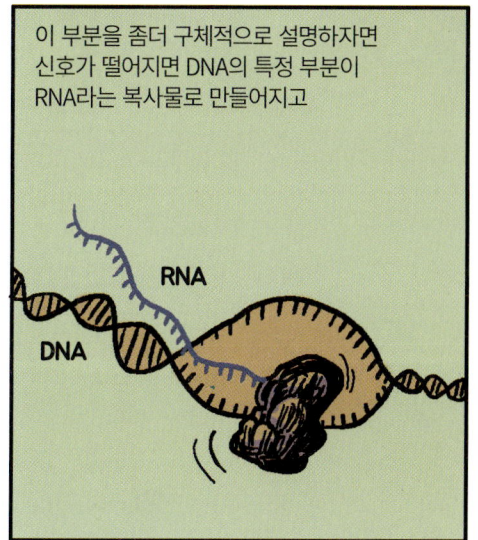
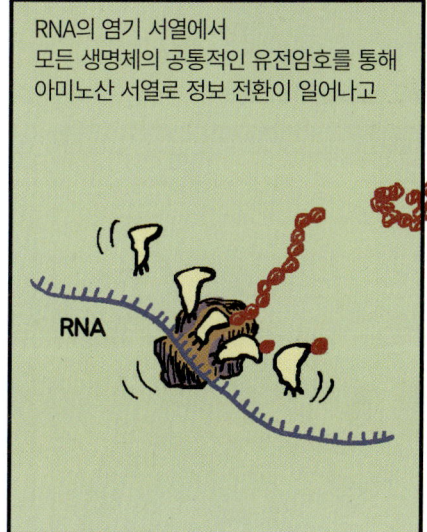
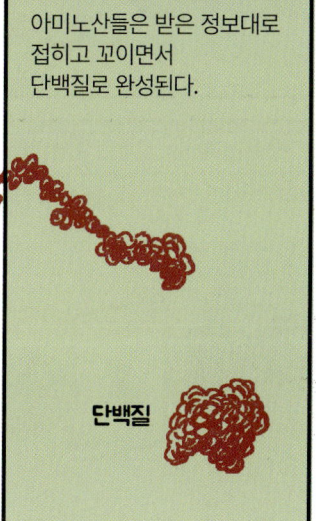

DNA와 단백질, 그 외 세균 안의 모든 분자들이 한데 어우러져 춤을 추고 있는 형국이다.

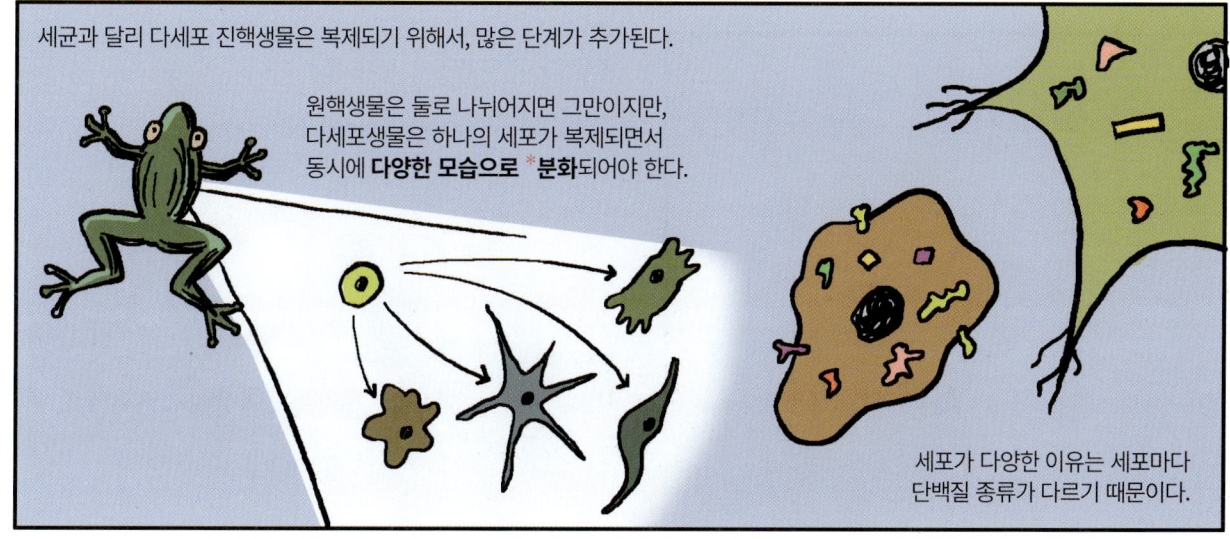

***세포 분화**(cellular differentiation) : 발생이 진행되면서 세포가 특수한 세포로 변환되는 과정. 분화된 세포는 분화되기 전과 달리 고유한 구조와 기능을 가진다.

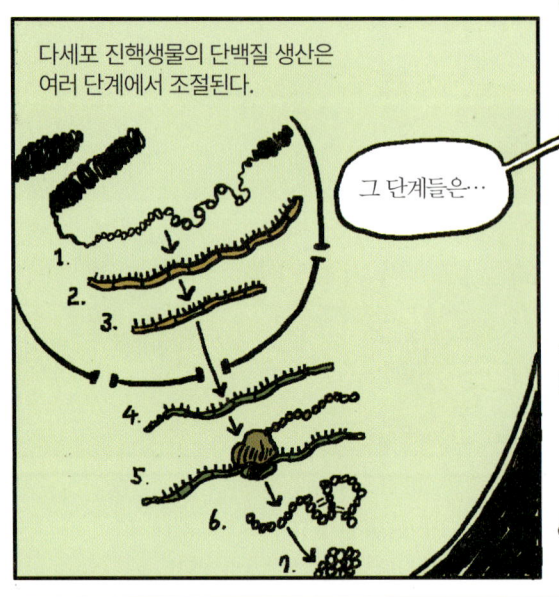

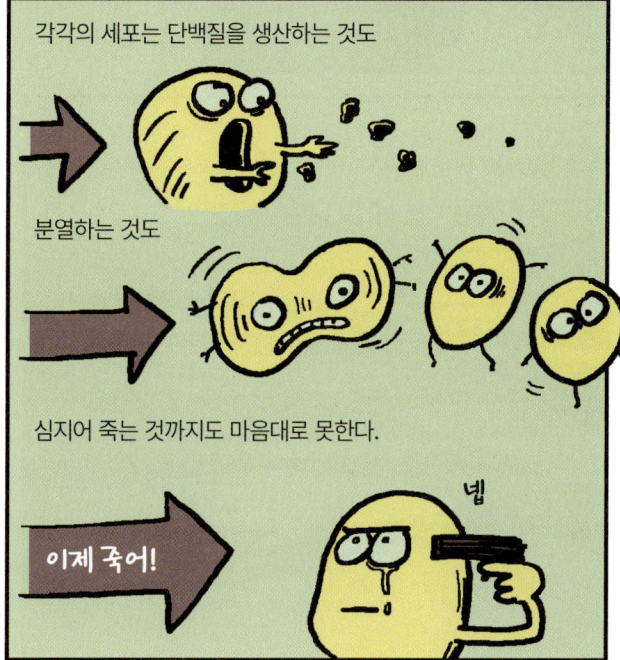

여러 가지 예가 있다.

유전체의 염기 서열에는 중복된 부분이 굉장히 많다. 중복은 대부분 복제 실수로 생겨난 것들이다.

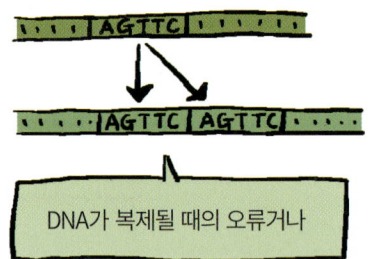

DNA가 복제될 때의 오류거나

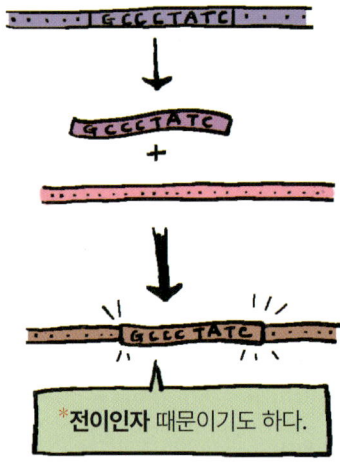

*전이인자 때문이기도 하다.

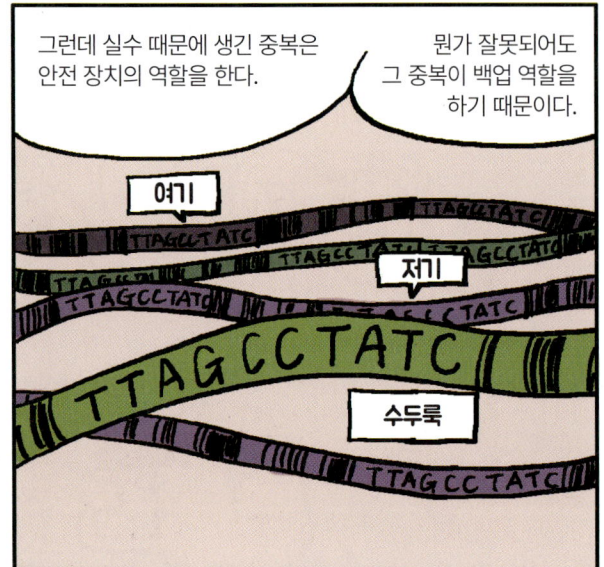

유전 서열뿐만 아니라, 유전자 발현 회로나 여러 생화학적 경로도 반복되는 **모듈식 구조**를 가지고 있다.

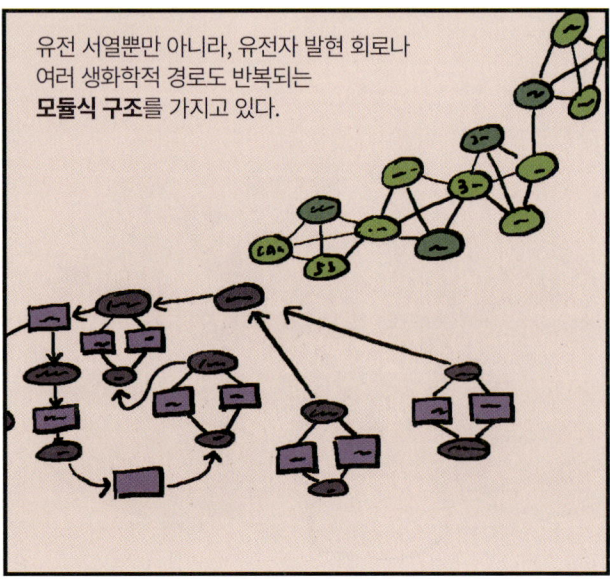

***전이인자**(transposable element) : 1940년에 바버라 매클린톡이 옥수수의 돌연변이 연구를 하던 중에 전이인자를 최초로 발견했다. 이때 많은 학자들은 불가능한 개념이라며 무시했지만, 매클린톡은 유전체의 이동 가능한 부분이 있어, 일종의 유전자 발현의 조절 역할을 한다는 대단히 선구적인 연구를 수행했다.

이 구조 덕에 문제가 생겼을 때 견딜 수 있으며, 우회할 수 있는 해결법이 있다.

동일한 유전 정보를 지닌 수많은 세포들을 보라. 세포 하나하나가 컴퓨터다.

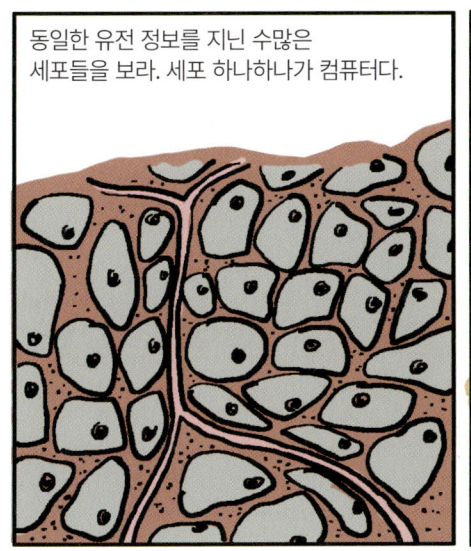

생물의 여러 조직들도 대부분 강박증에 가까운 모듈식 구조를 가지고 있다.

벽돌 건물이 모듈의 예인데, 수리하거나 교체하기 편리하다. 생물도 이와 비슷하다.

어설픔 덕분에 보는 이득은 또 있다. 다세포 진핵생물의 유전체는 세균에 비해서 황당할 정도로 *의미 없는 서열이 가득하다.

다세포 진핵생물은 쓸데없는 서열을 복제하느라 에너지를 쓰고 있다.

단백질을 암호화하지 않는 서열이 많아도 너무 많아…

생명체는 바보입니까? 쓸모없는 부분이 왜 이렇게 많아?

생명체가 진화의 산물이라는 증거 아니겠어요?

애초부터 계획된 게 아니라는 증거예요. 그냥 꾸역꾸역 진화한 거죠.

쓸모없는 서열은 고맙게도 중요한 역할을 한다. 쓸모없는 서열이 워낙 많아서, 돌연변이가 생기더라도 대부분 쓸데없는 이 부분에서 생긴다.

덕분에 생물의 기능에 아무런 영향을 주지 않는다.

***의미 없는 서열, 정크 DNA**(junk DNA) : 인간의 경우 유전체에서 단백질을 암호화하는 서열은 겨우 4퍼센트 정도에 불과했다. 연구 초창기에는 나머지 광대한 영역을 유전 정보가 없는 쓰레기 취급을 했고 그래서 정크 DNA라고 불렀다. 최근에는 정크 DNA의 기능이 속속 발견되고 있다. 그래도 여전히 의미가 없어 보이는 영역은 넓디넓다.

어설픔의 예를 하나만 더 보자.

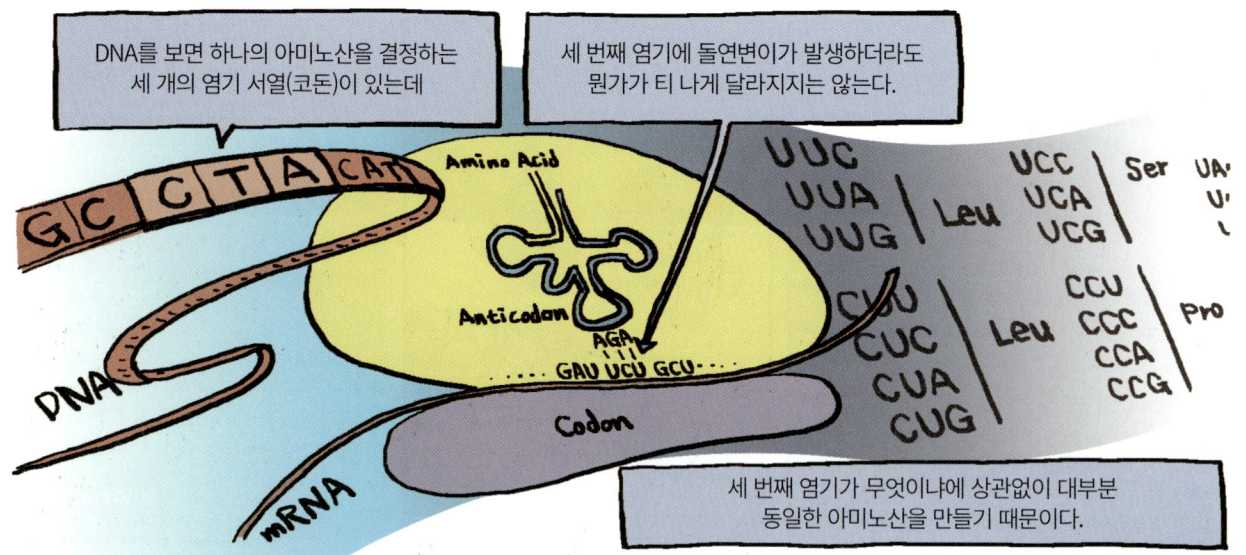

돌연변이에 저항하기 위해 단단해지는 것만이 방법이 아니라는 것을 생물은 몸소 실천하고 있었다.

*기무라 모토(木村資生, Kimura Moto, 1924~1994) : 중립 진화 이론(neutral theory of molecular evolution)을 발표한 일본의 분자생물학자. 현재의 진화 이론은 자연선택과 함께 기무라의 중립설을 진화의 주된 요인으로 보고 있다. **중립적(neutral) : 유전체에서 나타나는 돌연변이의 대부분은 개체의 생존과 번식에 유리하지도 않고, 불리한 것도 아니다. 이러한 의미에서 '중립적'이라고 표현한 것이다.

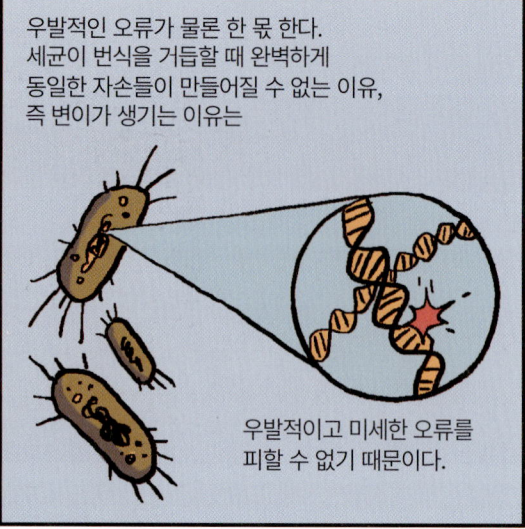
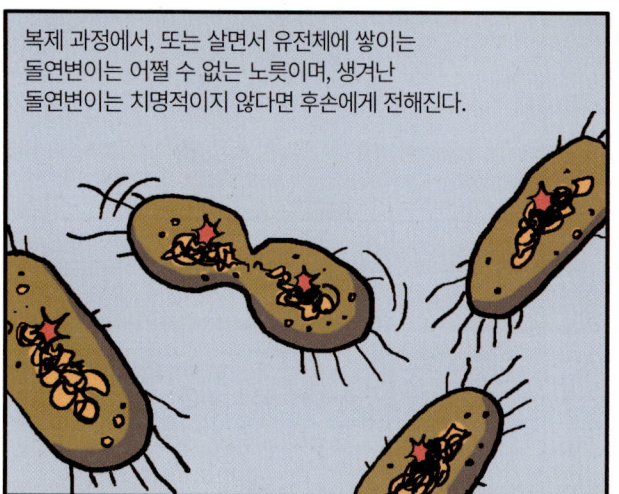

\***플라스미드**(plasmid): 세균은 자신의 염색체 외에 스스로 복제하는 작은 유전 물질을 다수 가지고 있는데, 이것을 플라스미드라고 한다. 플라스미드는 다양한 방법으로 세균에서 세균으로 이동할 수 있다. \*\***유성생식**(sexual reproduction): 암수 개체가 생식세포를 만들고, 각각의 생식세포가 결합하여 새로운 개체를 만드는 생식 방법.

# EVOLUTION EXPRESS
## CHAPTER 08

# 진화의 개연성

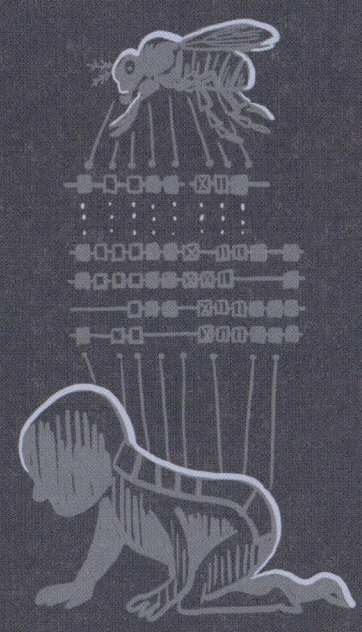

생물학의 모든 현상들은 '진화'의 관점을 떠나서는 이해되지 않는다.
— 테오도시우스 도브잔스키

최근 유물론 사유는 마음껏 조작할 수 있는 세계를 세우자고 제안한다.
우리는 이런 사유에서 빠져나올 수 있다. 하지만 유물론 사유에서 벗어나려고 과학에 반대해야 할까?
전혀 그렇지 않다. 진화는 일단 사실이다. 하지만 끊임없이 해석해야 할 사실이다.
— 사이먼 콘웨이 모리스

우리가 보는 대부분의 생물은 종으로 구분되어 있다. 고양이는 고양이이고, 메뚜기는 메뚜기다. 진화의 역사에서 영원한 종은 없다는 것도 잘 안다. 한때 아무리 번성했던 생물 종이었어도 모조리 멸종했다. 하지만 새로운 종이 생겨나는 일도 지속적으로 발생했기 때문에 오늘날 수많은 종들이 살아가고 있다. 대부분의 생물 종들은 대체로 암수의 형태로 존재한다. 그리고 이들은 모두 결국 죽는다는 운명을 피하지 못한다. 이러한 사실들은 우리는 너무나 당연하게 여기지만, 사실 생물은 본디 이러해야 한다는 진리는 어디에도 없다. 이제 우리는 종, 성, 죽음 같은 생물의 특성이 왜 생겨났는지에 대해서 조금씩 알게 되었다.

## 이유가 있다!

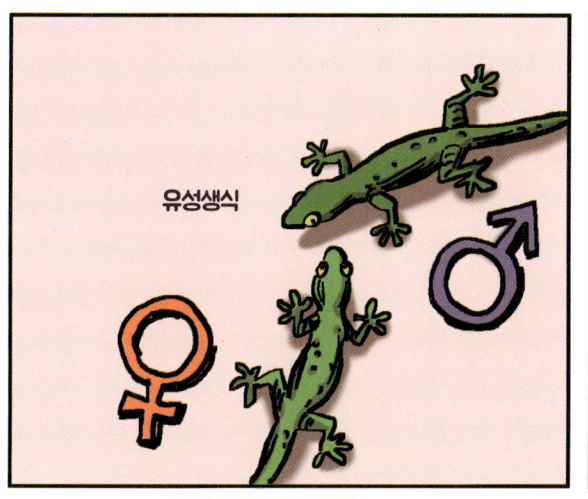

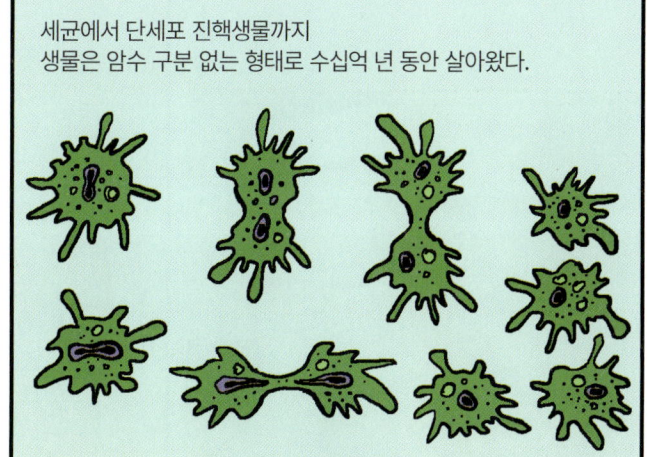

세균에서 단세포 진핵생물까지 생물은 암수 구분 없는 형태로 수십억 년 동안 살아왔다.

생물의 역사에서 성이 출현한 것은 다세포 진핵생물이 생겨나고부터였던 것으로 보인다.

성은 원래부터 있지 않았다.

어느 시점에 생겨난 것이다.

그런데 생겨났어야 할 이유가 있었을까?

다 이유가 있다… 이유가…

세균이 번식하는 방식에 비해서

유성생식이 효율성 측면에서 엄청난 낭비라는 것은 접어두고

알러뷰~ 플리즈~~

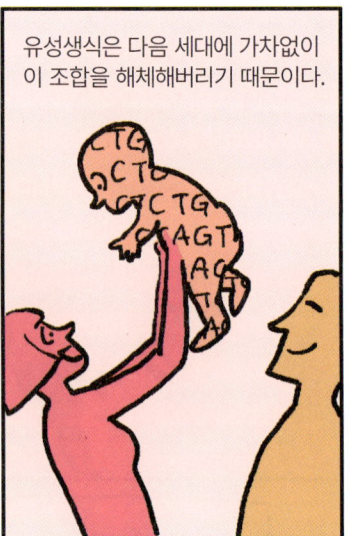

**무성생식 생물과 유성생식 생물 둘 다 쌓여가는 오류를 피할 수는 없다.**

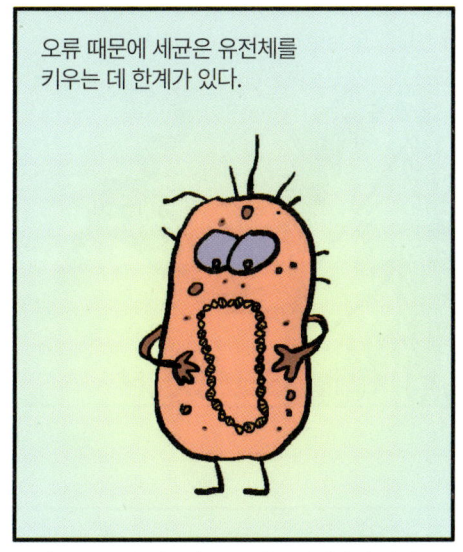

오류 때문에 세균은 유전체를 키우는 데 한계가 있다.

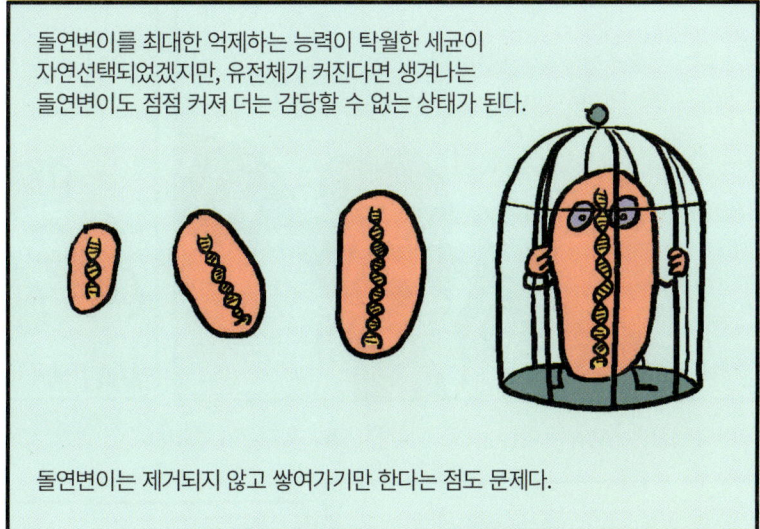

돌연변이를 최대한 억제하는 능력이 탁월한 세균이 자연선택되었겠지만, 유전체가 커진다면 생겨나는 돌연변이도 점점 커져 더는 감당할 수 없는 상태가 된다.

돌연변이는 제거되지 않고 쌓여가기만 한다는 점도 문제다.

그러나 세균의 생존법은 대단한 번식력에 있다.
살아남는 것이 소수라고 해도 결국 금방 개체 수를 회복할 수 있다.

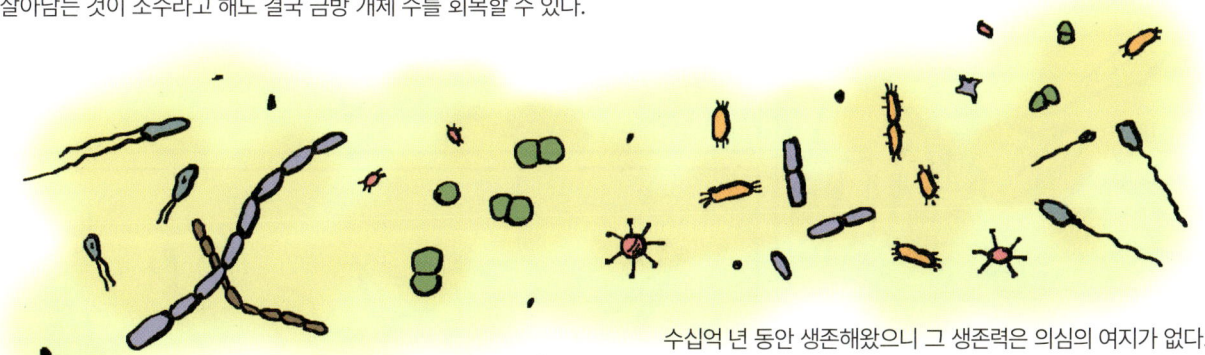

수십억 년 동안 생존해왔으니 그 생존력은 의심의 여지가 없다.

그래서 세균의 복잡성 수준은 딱 이만큼이다. 우리가 아는 세균의 그 모습 정도.

이 이상을 기대할 수 없다.

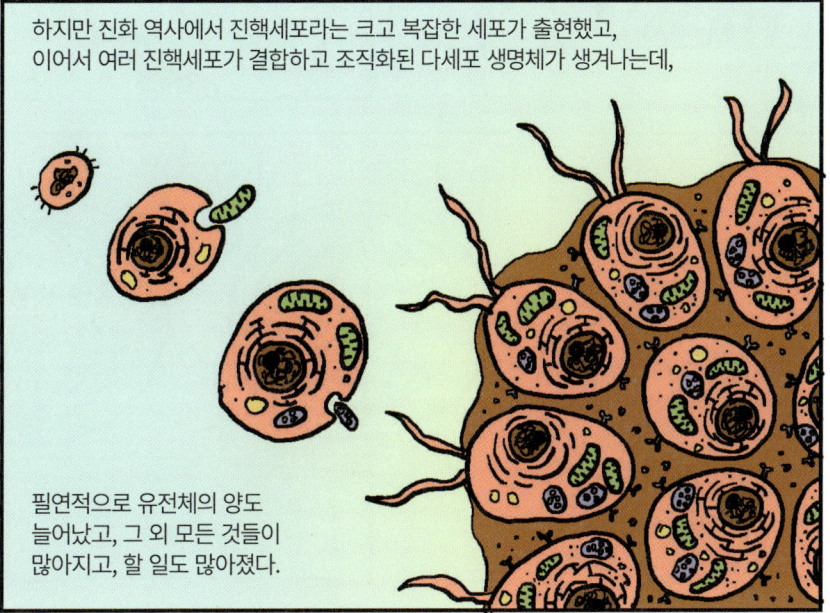

하지만 진화 역사에서 진핵세포라는 크고 복잡한 세포가 출현했고, 이어서 여러 진핵세포가 결합하고 조직화된 다세포 생명체가 생겨나는데,

필연적으로 유전체의 양도 늘어났고, 그 외 모든 것들이 많아지고, 할 일도 많아졌다.

그런데 복잡한 생명체는 이것만으로 충분하지 않다. 돌파구가 필요하다.

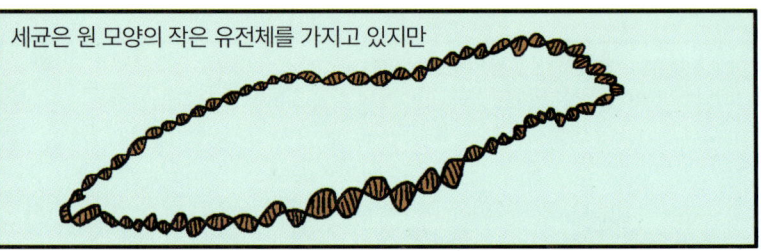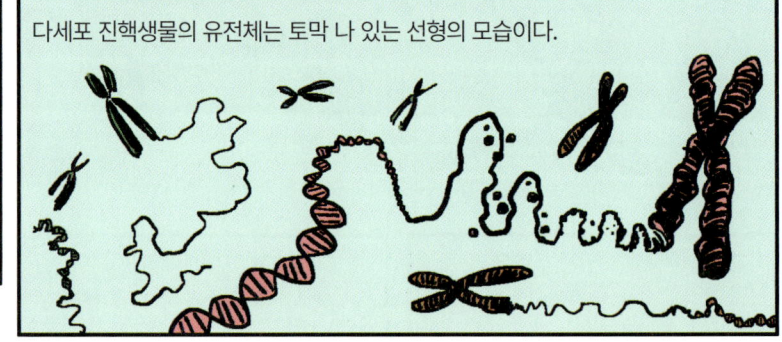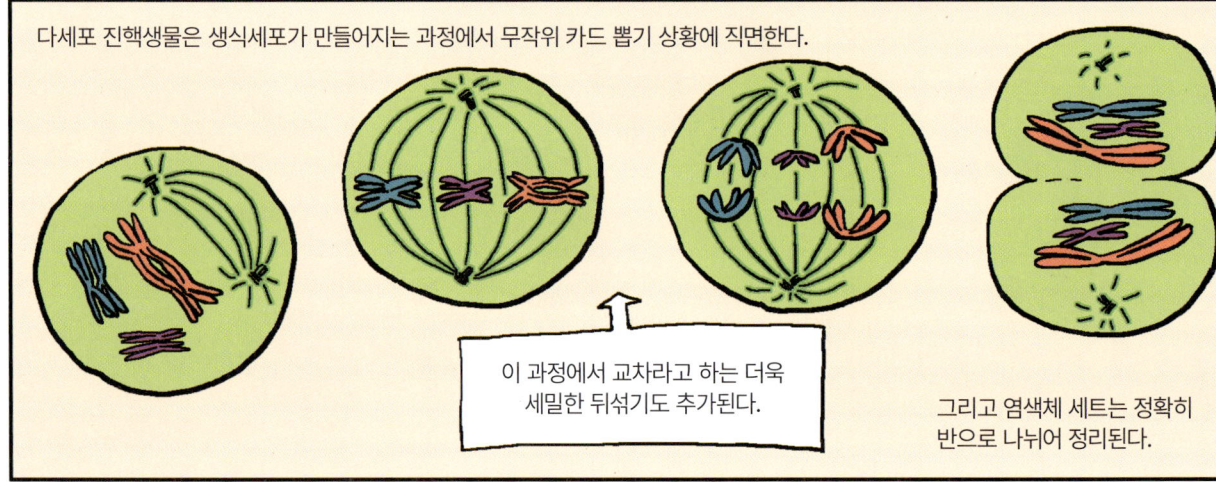

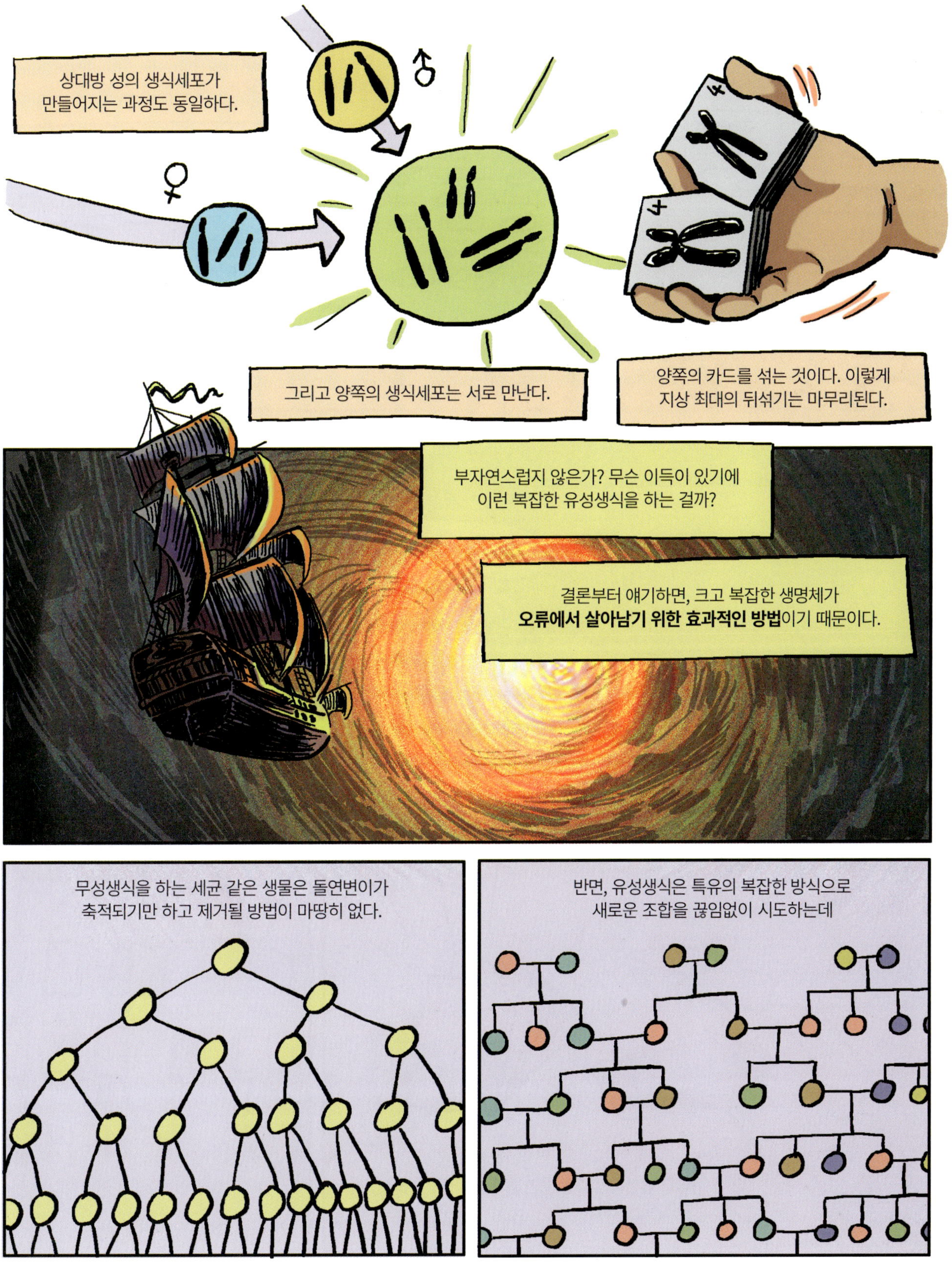

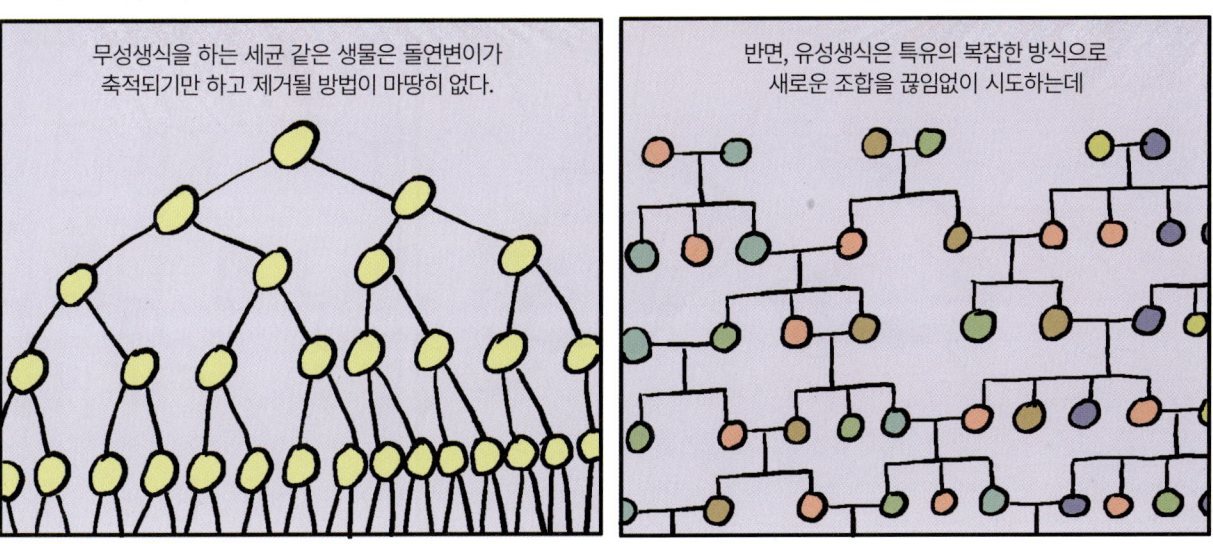

유성생식 생물도 세대를 거치면서 돌연변이가 생기는 걸 막을 수는 없지만, 이걸 제거할 수 있는 기회가 있다.

세균처럼 개체를 소모시키는 방식이 아니라, 시간을 들여서라도 해로운 유전 조합을 차츰 없애가는 것이다.

그러면서 안전한 조합을 남길 수 있다.

유성생식은 매우 신중한 방식으로 **해로운 유전자를 제거**하는 방식이 된다.

어렵다. 어려워…

일리가 있는 것 같은데.

진화적 측면에서 덤으로 이득을 가져다주기도 한다.

돌연변이는 대부분 해롭지만 유성생식 특유의 뒤섞기는 새로운 기회를 만들어낼 가능성이 크다.

드물지만 **귀하고 혁신적인 조합을 만들어갈 수 있는 가능성**이 유성생식 생물에게는 있다.

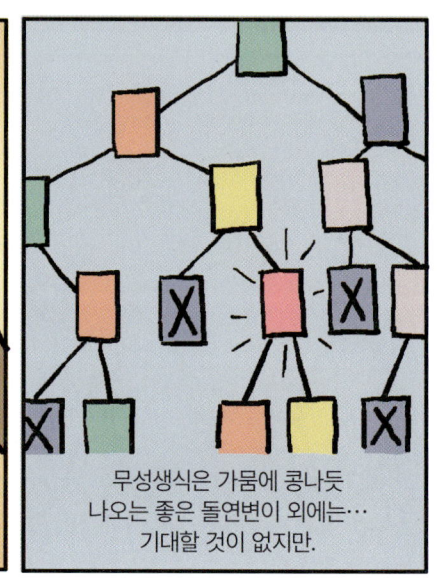

무성생식은 가뭄에 콩나듯 나오는 좋은 돌연변이 외에는… 기대할 것이 없지만.

## '종'이란 무엇인가

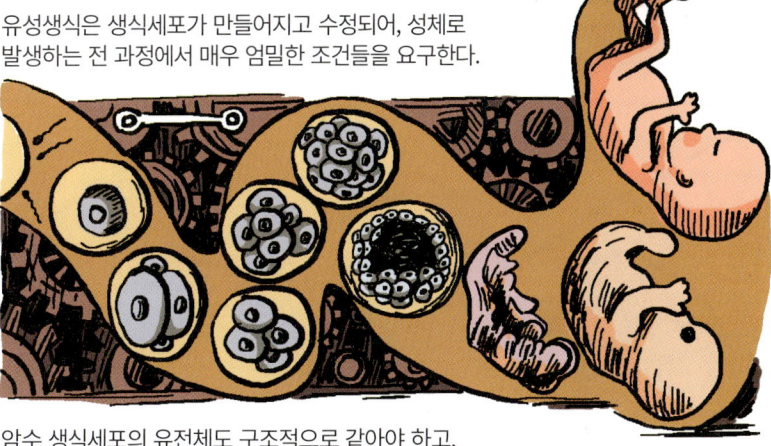

# 어떻게 새로운 종이 나타나는가?

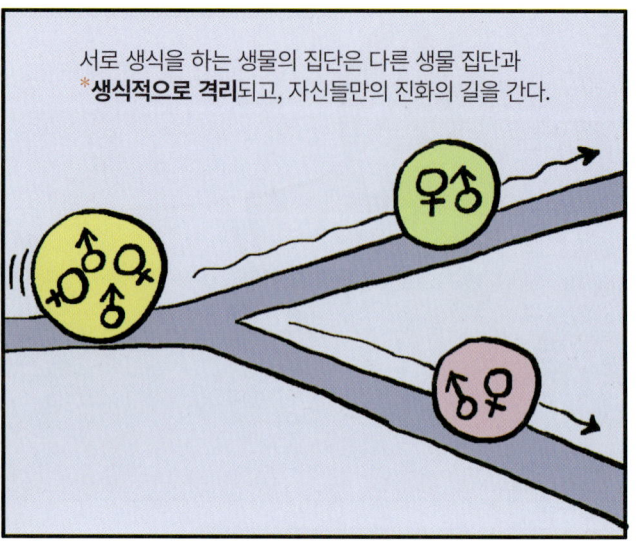

유성생식과 종은 자연선택에 의해 보존되는 크고 복잡한 생명체의 숙명이다.

***생식적 격리**(reproductive isolation) : 생식적 격리는 다양한 원인으로 개체 간의 생식이 불가능해지는 것을 의미한다. 두 개체가 만날 수 없거나, 교미 시기가 다르거나, 교미 행동의 차이가 있거나, 생식기가 서로 맞지 않는 등의 원인으로 생식적 격리가 일어나기도 하고, 성공적으로 교미를 하더라도 수정이 제대로 되지 않을 수도 있으며, 수정이 되더라도 잡종 개체가 제대로 성장하지 못하거나, 노새처럼 다음 자손을 만들지 못하는 생식 불능의 경우도 생식적 격리가 일어난 것이다.

*이소적 종 분화(allopatric speciation): 두 집단이 지리적으로 격리됨으로써 생식적 격리(reproductive isolation)가 일어나고, 이로 인해 발생하는 종 분화.

꼭 물리적으로 떨어져 있어야만 종 분화가 일어나는 것은 아니다.

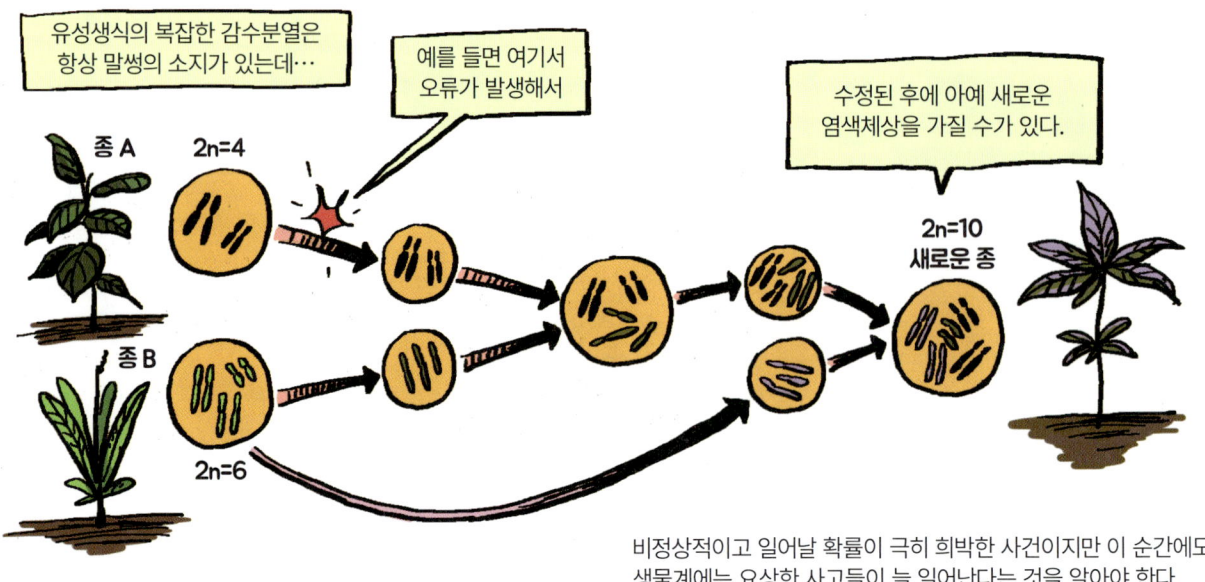

비정상적이고 일어날 확률이 극히 희박한 사건이지만 이 순간에도 생물계에는 요상한 사고들이 늘 일어난다는 것을 알아야 한다.

***동소적 종 분화**(sympatric speciation) : 지리적 격리 없이 집단 안에서 일어나는 종 분화.

많은 종들이 멸종했다. 한때 아무리 번성했어도 결국은 사라졌다. 진화의 역사에서 99.99퍼센트 이상의 종이 소멸한 것으로 보인다.

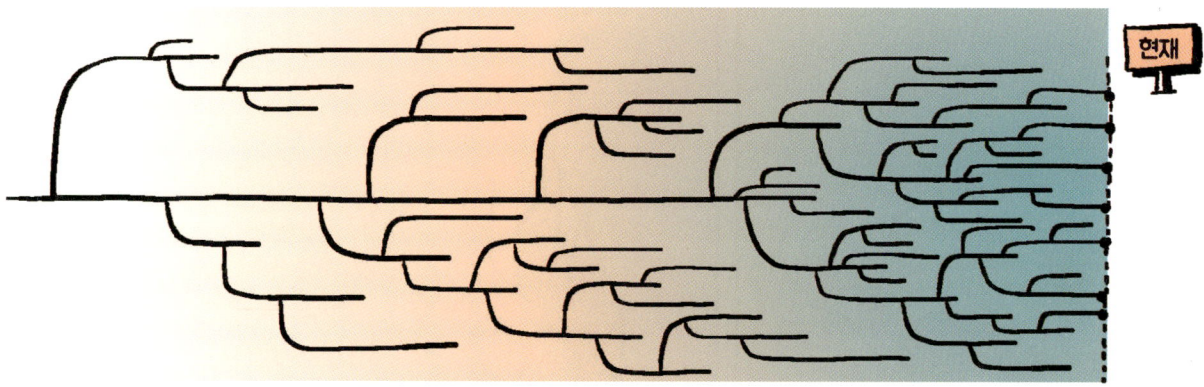

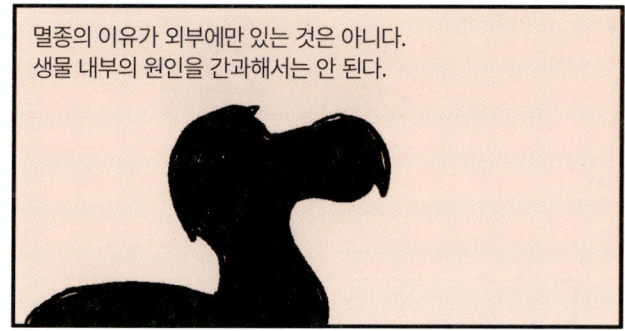

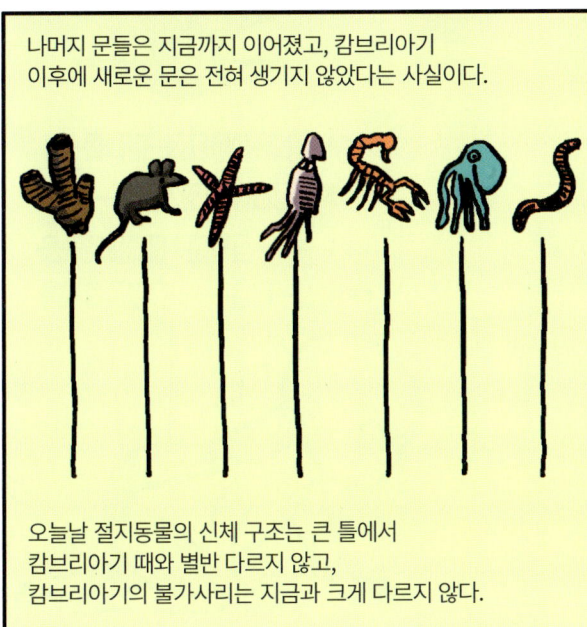

분자 레벨에서도 보수성이 뚜렷하게 보인다.

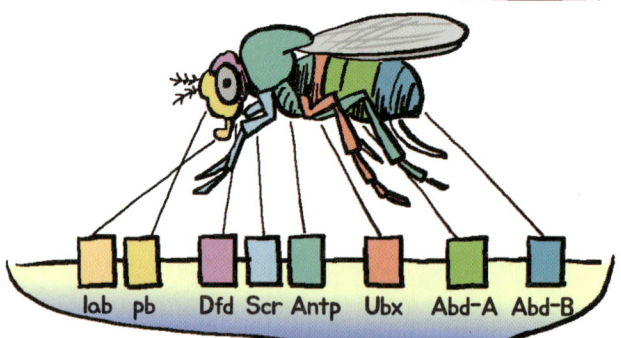

* **혹스 유전자**(hox gene) : 동물의 배아 발생 과정에서 몸의 구조를 결정하는 유전자군을 말한다. 호메오박스(homeobox) 유전자라고도 한다. 혹스 유전자는 다양한 전사인자를 생성하고 유전자 발현을 조절한다. 혹스 유전자에 돌연변이가 생기면 대개 치명적이어서 발생 과정 중에 도태되어 개체는 살아남지 못하게 된다.

멸종의 이유에 생물의 보수성은 큰 책임이 있는 셈이다.

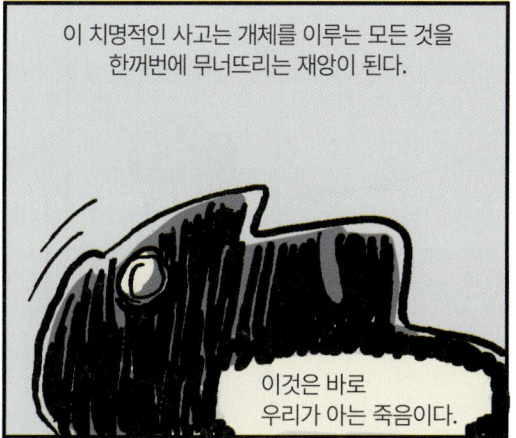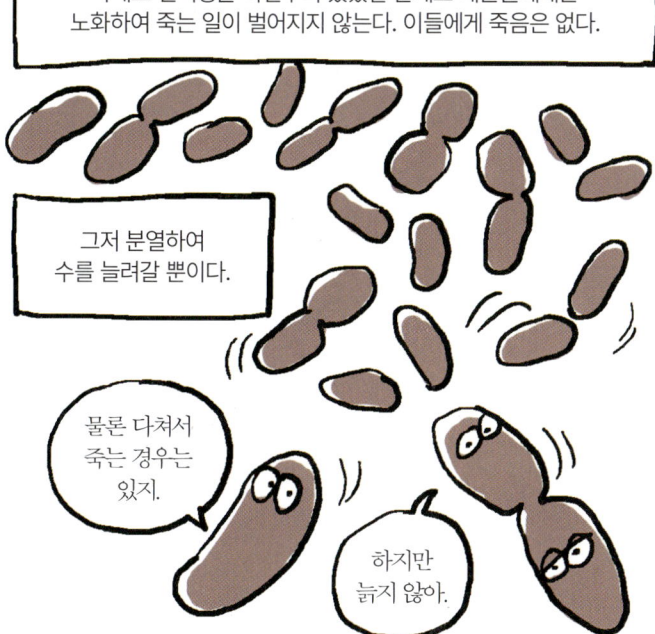

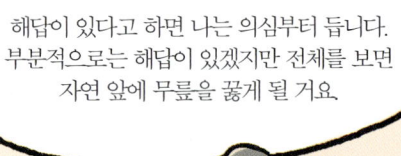

# EVOLUTION EXPRESS
## CHAPTER 09

# 끝없는 논쟁

우리의 단순한 개념으로 자연의 단순성을 재단해서는 안 된다.
무한히 다양한 결과를 낳는 자연은 원인의 측면에서만 단순할 뿐이며,
자연의 경제성은 아주 적은 수의 일반법칙을 가지고 때로는 대단히 복잡한 수많은 현상들을 만들 수 있다.
— 피에르 시몽 라플라스, 《세계의 체계에 대한 해설》(1796년) 중에서

진화했다는 사실만으로, 진정한 복잡성과 정교한 균형, 생명체의 잠재력을 설명하기 어렵다.
— 사이먼 콘웨이 모리스

오늘날 과학자들은 큰 틀에서 생명이 하나의 조상으로부터 유래했고, 가지치기하듯이 진화했다는 것에 동의한다. 그런데 세부적으로 들어갔을 때는 의견이 분분하다. 새로운 종이 급격하게 생겨났는지 아니면 점진적으로 생겨났는지, 또 자연선택이 생명의 진화에 대해서 어느 정도의 역할을 하고 있는지 등에 대해 과학자들은 제각기 다른 의견을 내놓는다. 진화에 모종의 방향이 있는지에 대해서도 의견을 달리한다. 진화론이라는 과학 분야에 유달리 논쟁이 많은 이유는 무엇일까?

# 진화에 대한 요약

이제 정리해보자. 생명이 진화한 것은 분명한 사실이다. 그런데 생명은 어떻게 진화한 것인가?

아직까지 생명체의 절대 다수를 차지하는 세균은 수십억 년 동안 다양해졌고 나름 진화한 건 사실이지만, 근본적으로 최초 조상과 별반 차이 없이 40억 년의 세월을 살아왔다.

20억 년 전에 극히 일어나기 힘든 사건이 있었다. 진핵세포라는 세균의 연합체가 나타난 사건.

진핵세포 이후 드문 사건이 또 일어났는데, 다세포생물의 출현이라는 사건이다.

다시 말하지만 진핵생물 대부분은 단세포 상태에 머물러 있다.

극히 일부의 진핵생물이 식물과 동물 같은 다세포생물로 진화했다.

동물은 캄브리아기 때 폭발적으로 다양해졌고, 그 후 지금까지 5억 년 동안 신체 구조에 약간의 변화가 생기면서 다양해졌다. 하지만 근본적으로 큰 변화는 없었다.

**개연성은 주로 생물 내부에 있었다.**
모든 생물은 선조의 구조를 이어받아서 사는 숙명을 안고 있다는 점을 잊으면 안 된다.

## 진화의 논쟁

주요한 논쟁을 간단히 둘러보자.

생명이 *점진적으로 진화하는가, 아니면 도약하듯이 진화하는가?

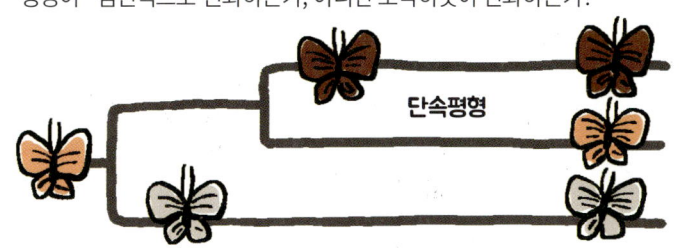

이 논쟁에는 승자가 없는 듯하다. 보는 각도에 따라 승자와 패자가 바뀐다.

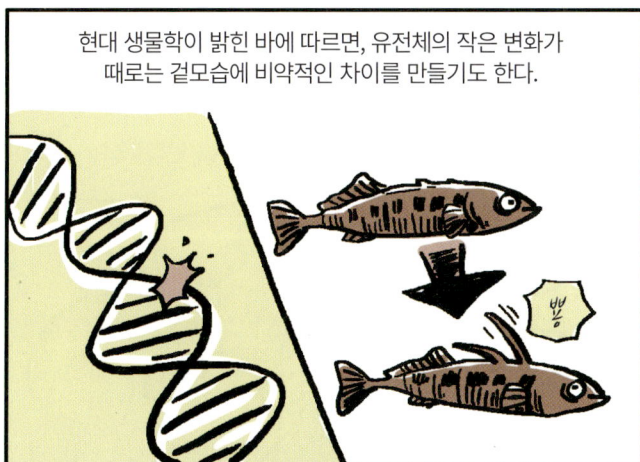

점진이냐 단속평형이냐를 얘기할 때 생물의 어느 부분이 점진하는지, 도약하는지를 구분해야 하는 어려움이 있다.

생물의 어떤 부분을 보느냐에 따라 점진일 수도, 도약일 수도 있다는 것이다.

---

***점진주의**(gradualism) : 다윈은 지질학적인 과정이 점진적으로 일어나는 것과 마찬가지로 생물의 진화도 점진적으로 진행되고 있다고 주장했다. **단속평형설** (punctuated equilibrium theory) : 생물 종은 오랜 시간 동안 그 모습 그대로의 안정된 상태를 유지하다가, 상대적으로 짧은 시간 동안 급속한 종 분화가 이루어진다는 가설이다. 근거로 화석 기록의 급격한 변화를 두고 있다. 단속평형설은 진화의 점진주의를 반박하고 있다.

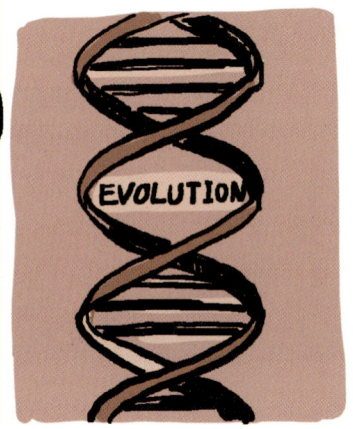

\***후성유전학**(epigenetics): DNA 염기 서열의 변화와 관계 없는 유전 현상을 연구하는 학문 분야이다. 후성유전학은 전통적인 유전 이론, 진화 이론을 넘어선 현상들을 연구하고 있다.   \*\***적응주의**(adaptationism): 생명의 진화에서 자연선택의 중요성에 비중을 두는 이론.   \*\*\***적응주의에 대한 비판**: 스티븐 제이 굴드와 리처드 르원틴(Richard Lewontin) 등은 적응주의에 대해서 대단히 자의적인 해석이라고 비판했다. 이들은 다양한 예를 들면서 적응주의에 대해서 반론을 펼쳤다. 두 진영의 논쟁은 진화 이론을 풍성하게 하는 결과로 이어진다.

마지막으로 살펴볼 논쟁이 있는데, 이건 굉장히 중요하다. "진화에는 방향이 있느냐, 없느냐?"

# EVOLUTION EXPRESS
## CHAPTER 10

# 지구 생물의 역사는 있을 법한 것이었을까?

우주는 생명을 잉태하지 않았고, 인간을 포함한 생명계도 잉태하지 않았다.
거대한 우주의 무관심 아래 인간은 홀로 있다. 이 우주에서 인간은 우연히 나타난 것이다.
– 자크 모노

"오늘 정오에 애니는 평안하게 마지막 잠에 들었다오.
너무도 짧은 생을 살다 간 이 아이와의 추억이 자꾸 생각나 얼마나 가슴이 아픈지 모르겠소.
한 번도 말썽 피운 적이 없는 사랑스러운 아이였지 않았소?"
– 1851년 찰스 다윈이 첫째 딸을 잃고 부인 엠마에게 쓴 편지

생명체를 자세히 들여다보면, 그 모든 세부 구조와 부분적인 과정들은 정확히 물리와 화학 법칙 아래 돌아가고 있다. 우리가 이렇게 살아 있는 것은 분명히 과학의 법칙이 예상하는 그 모습, 당연히 있을 법한 그 모습 그대로다. 그런데 그 모습이 꼭 이러한 생명체의 형태였어야 했는가? 이건 중요한 질문이다. 현재의 생명체들이 존재하게 된 진화의 중요한 사건들은 정말 일어날 수밖에 없는 일이었을까? 이 정도는 아니지만 그래도 높은 확률로 일어날 일이었을까? 혹시 생명의 조상이나 진핵세포의 모습이 지금의 모습이 아닐 수도 있었을까? 또는 생명의 조상이나 진핵세포의 등장이 전혀 일어날 법한 일이 아니었을 수도 있을까?

중요한 지점들은, 최초의 생명체 출현부터 시작해서,
광합성, 진핵세포, 다세포생물… 성의 출현, 낭배 형성 등등 많지만…

이 중에 몇 가지만 살펴보자.

먼저… **최초의 생명체.**

인간을 포함하여 모든 생명체의 근간이라고 할 수 있는 생화학적 기술,
유전암호 같은 가장 오래된 유산이 이때 만들어졌고 모든 후손들은 이것을 공유한다.

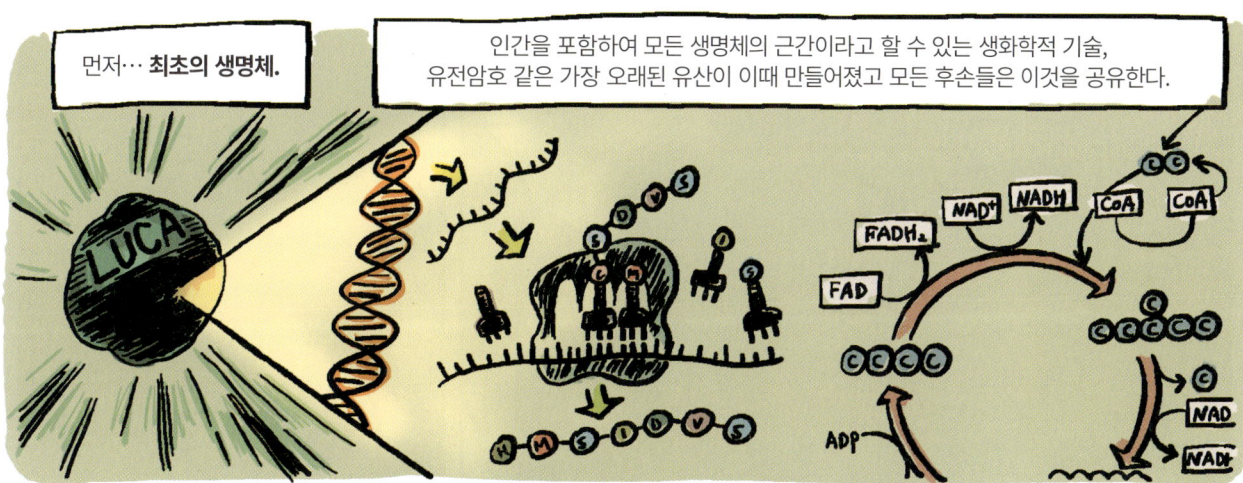

처음부터 난관이다. 이 조상님이 어떻게
생겨났는지 몰라도 이렇게 모를 수가 없다.

어떤 흔적도 남아 있지 않다.
완전히 깜깜한 역사다.

최초의 조상이 별안간 생겨날 가능성?
과학을 들먹일 것도 없이 상식적으로
불가능한 일이다.

DNA나 단백질 같은 커다란
분자들조차 일순간에
생겨날 수 없다.

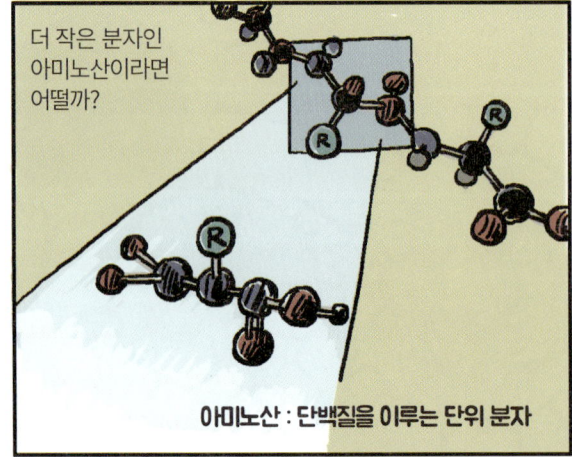

***스탠리 밀러**(Stanley Miller, 1930~2007) : 밀러는 시카고대학을 다니던 중에 노벨 화학상 수상자인 스승 해럴드 유리(Harold Clayton Urey, 1893~1981)의 수업을 듣고, 초기 지구에 생명체의 분자가 만들어졌던 과정을 시뮬레이션 실험으로 만들 수 있다는 아이디어를 떠올린다. 결국 밀러는 실험을 통해 무기물로부터 아미노산 같은 유기물이 만들어지는 것을 확인했다. 이 실험은 스승의 이름까지 더해서 '유리-밀러의 실험'으로 알려진다.

여기에 온갖 아미노산들과 화학물질이 넘쳐나는 먹다 남은 된장국을 놓고, 1억 년쯤 기다려보자.

아무런 외부 영향도 없다고 가정하자. 단백질, DNA… 그리고 생명체가 과연 자발적으로 만들어지겠는가?

미생물이 없으니 썩지는 않겠지만, 그저 분해될 뿐, 생명체가 방긋 웃으며 날 쳐다보는 일은 절대 일어나지 않는다.

열역학을 조금이라도 안다면 이런 소설 같은 소리를 하진 않을 겁니다.

그럼에도 불구하고 생명체는 40억 년 전에 생겨났다니까요. 과학자들은 이걸 설명해줘야 돼요.

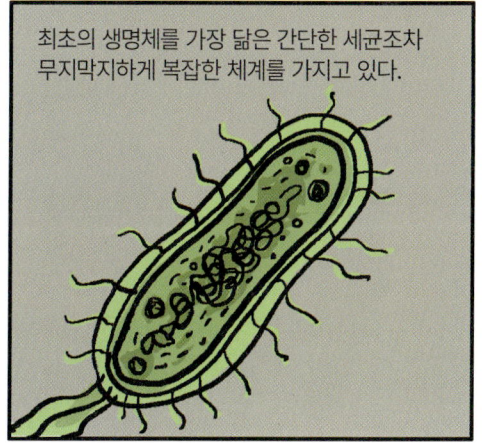

최초의 생명체를 가장 닮은 간단한 세균조차 무지막지하게 복잡한 체계를 가지고 있다.

도대체 어떻게… 아미노산들이 단백질로 조립되고, 염기와 당이 척척 조립되어 커다란 DNA가 되고, 결국 생명체로 완성되었단 말인가.

잠깐 다른 얘기를 해보자.

호기심이 많은 사람이 쇠망치가 도대체 어떻게 생겨난 거냐고 궁금해하고 있다.

무슨 얘기야?

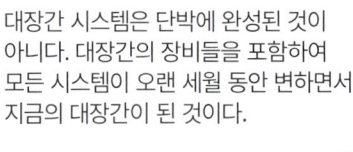

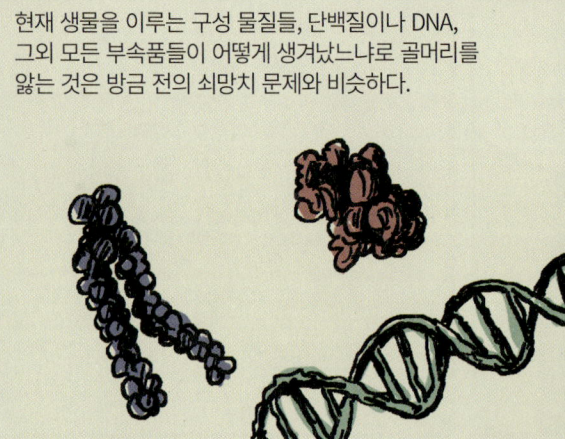
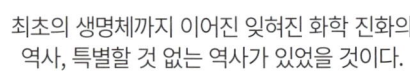

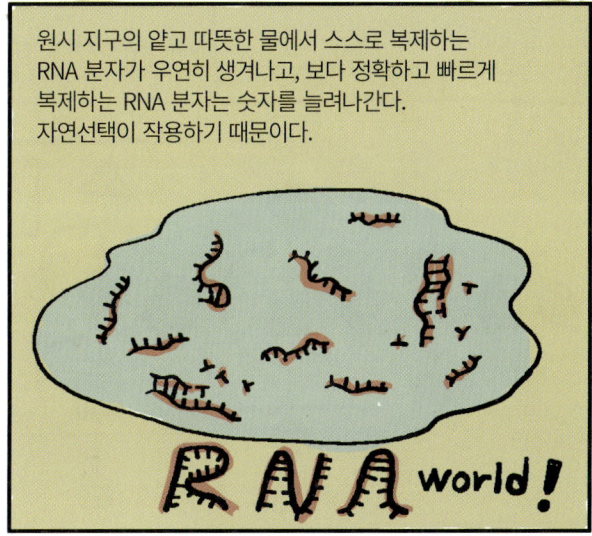

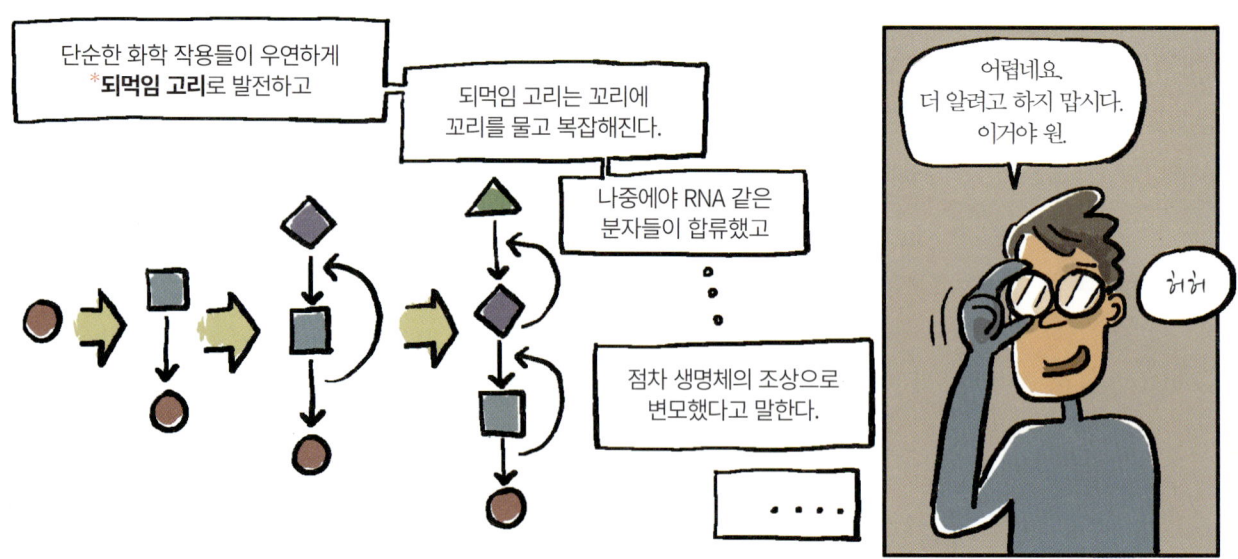

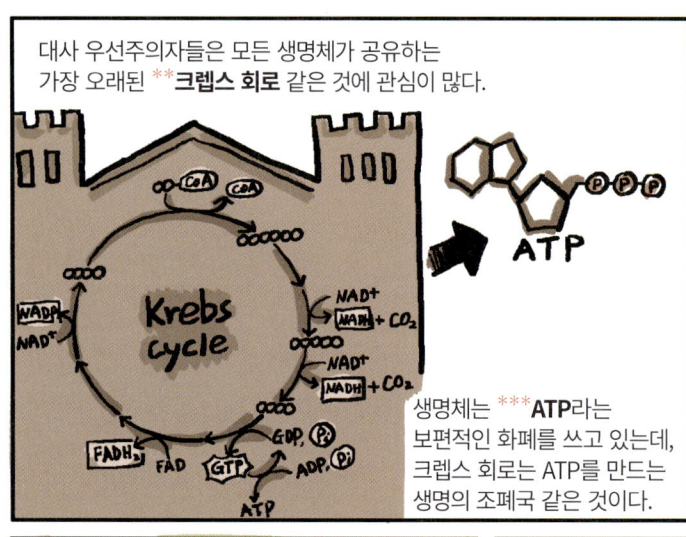

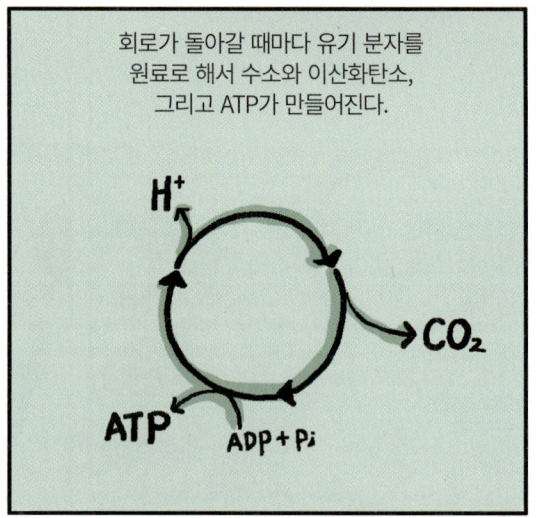

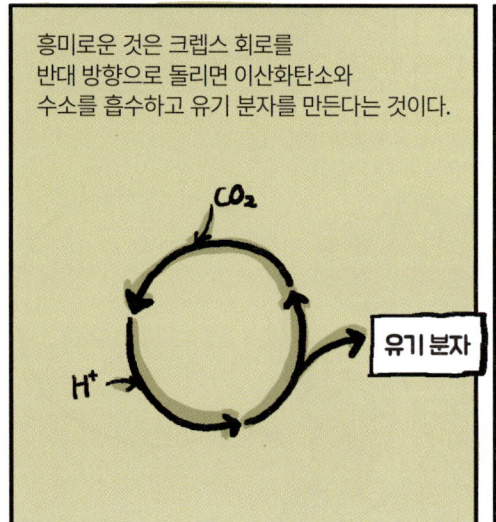

***되먹임 고리**(feedback loop) : 반응의 결과물이 그 반응물의 재료가 되거나, 반응을 증폭하는 현상  **크렙스 회로**(Krebs cycle) : 독일의 생화학자 한스 크렙스(Hans Adolf Krebs, 1900~1981)가 발견하여 크렙스 회로라고 불리며, 시트르산 회로, TCA 회로라고도 한다. 생물에게 있어 가장 보편적인 물질대사 경로로, 피루브산의 산화를 통해 에너지원인 ATP를 생성하는 과정이다.  ***ATP**(adenosine triphosphate) : 아데노신에 인산기 세 개가 결합한 화합물로 모든 생물의 에너지 대사에서 역할을 하는 분자이다. ATP 한 분자가 가수분해하면 다량의 에너지를 방출하는데, 모든 생물은 이 에너지를 사용한다.

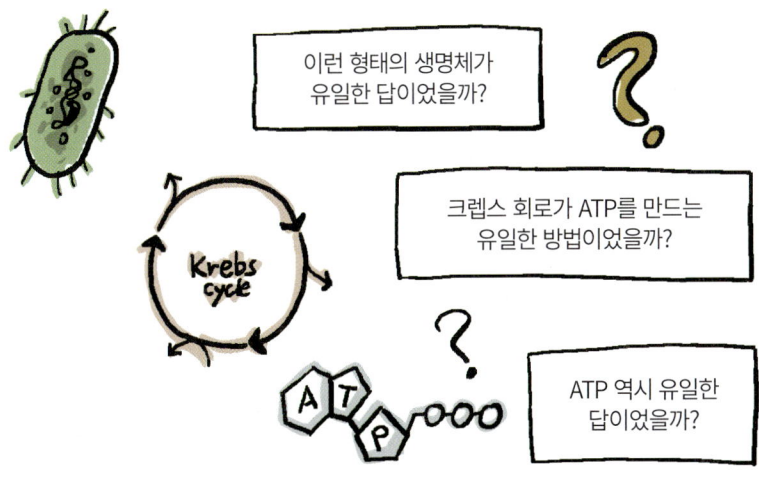

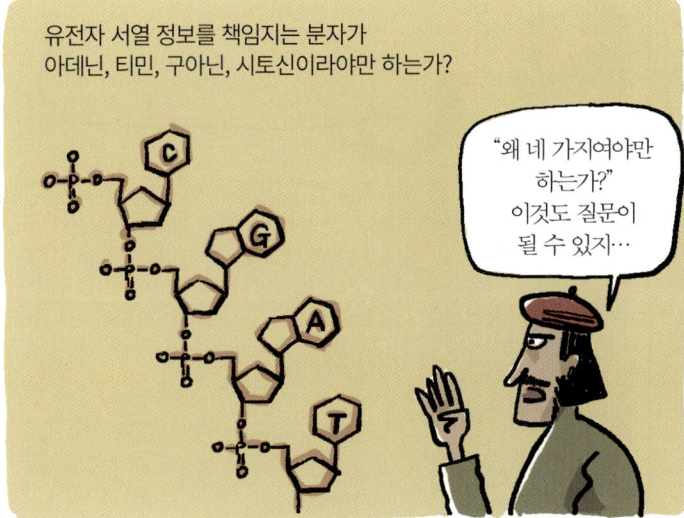
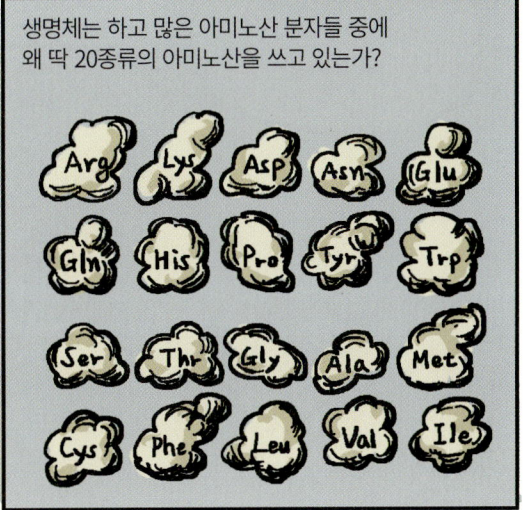

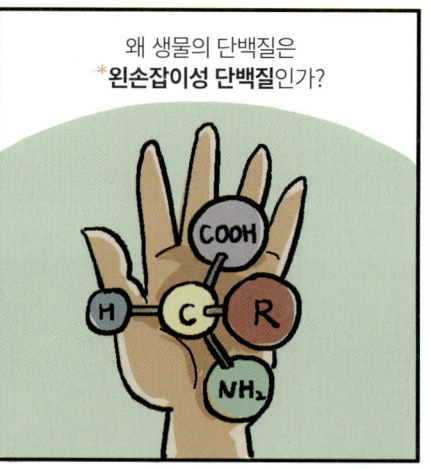

*왼손잡이성 단백질 : 생물에서 사용되는 많은 분자들은 카이랄성(손대칭성)을 지닌다. 대부분의 아미노산은 L형이다. L형 아미노산을 이용해 형성되는 단백질은 왼손잡이성 단백질이 된다. **동결된 우연(frozen accident) : 크릭(Francis Harry Compton Crick, 1916~2004)은 왓슨(James Dewey Watson, 1928~)과 함께 DNA 이중 나선 구조를 밝혀내면서 분자생물학의 시작을 알렸다. 크릭은 생물의 유전암호가 이러해야만 했을 이유를 찾지 못했고, 유전암호는 생명의 초기에 우연히 결정되어 이것이 고정되었다는 의견을 제시했다.

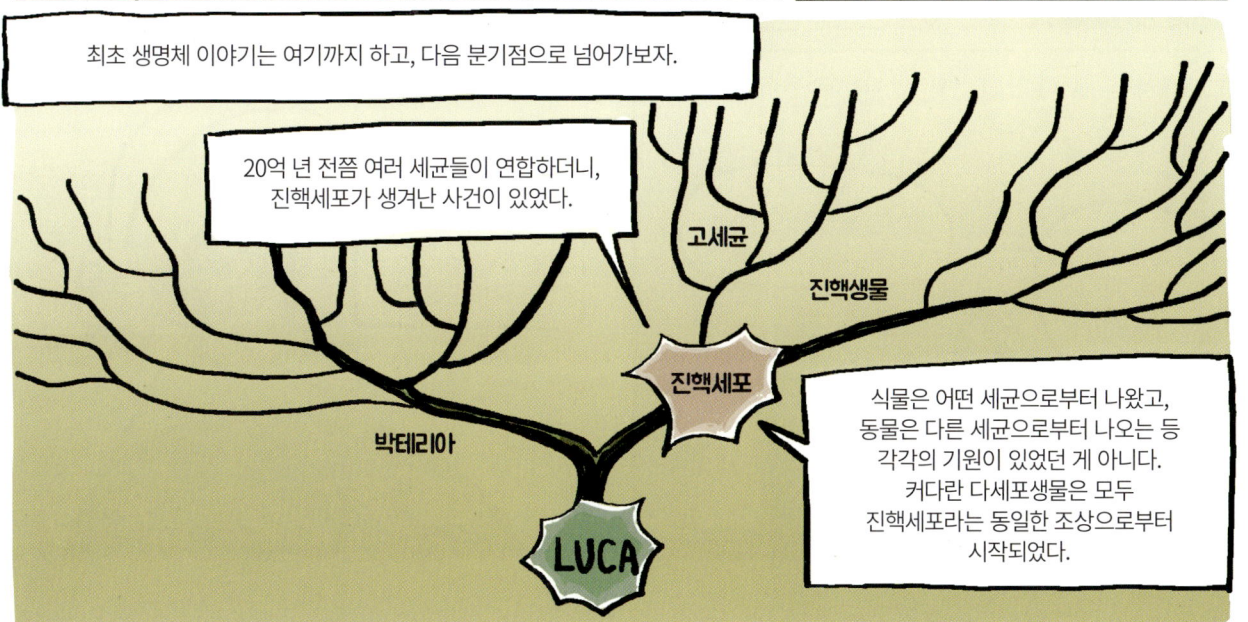

이 사건 역시 자동으로 그렇게 될 수 있었다는 식으로 섣불리 결론 내리면 안 될 것 같다.

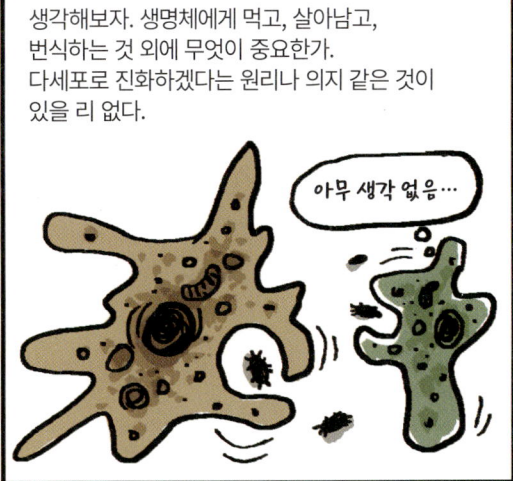

다세포생물의 출현은 여러 가지 원인이 복합적으로 작용해서 떠밀리듯이 나타난 결과였던 것 같다.

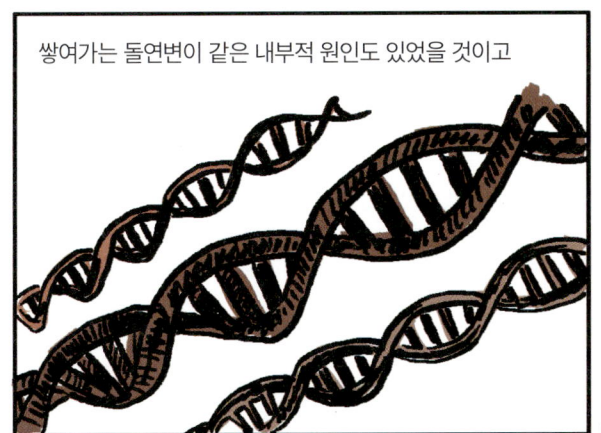

최근에 일어난 일도 살펴보자. 40억 년 역사에서 2~3억 년 전부터의 기간이니 최근이라는 말이 적절할 것이다.

지구상에 생명이 출현한 이후 여러 차례의 대절멸이 있었겠지만, 대략 10억 년 전까지의 기간 동안 일어난 대절멸의 증거는 제법 남아 있다.

이때 엄청난 일이 일어났군.

*페름기 말에 일어난 대절멸의 원인은 화산 폭발 또는 기후나 대기 조성 변화로 보고 있는데, 이때 당시 생물의 95퍼센트가 사라졌던 것으로 보인다.

대절멸 사건은 생명계를 완전히 재편했다. 전과 후의 생명체들이 완전히 달라진다.

크왕! 이제부터 공룡의 시대!

가장 최근인 6500만 년 전 **백악기 말기의 대절멸은 거대한 소행성 충돌 때문이라는 얘기도 있고, 기후적 변화가 요인이라는 등 몇몇 가설이 있다.

콰르르르

*페름기 대절멸(Permian-Triassic extinction event) : 2억 6000만 년 전, 페름기 말에 일어난 생명 역사상 최악의 대량 절멸. **백악기 대절멸(Cretaceous period extinction event) : 6500만 년 전 백악기에 일어나 생명체의 75퍼센트가 사라지고 그 많던 공룡이나 암모나이트가 그 후 모습을 감추었다.

# EVOLUTION EXPRESS
## CHAPTER 11

## 방향이 있을까?

만약 생명의 테이프를 되감아서 버제스 시대부터 다시 돌렸을 때 과연 인간이 나타날 수 있을까? (…) 우리는 아프리카의 작은 개체군에서 불안한 출발을 한 후, 운 좋게 성공을 거두었을 뿐이며 전 지구적 경향이 낳은 산물이 아니다. 우리는 하나의 사건, 역사의 한 항목일 뿐 보편 원리의 구현이 아닌 것이다.
―스티븐 제이 굴드

오늘은 앞으로의 인생의 탄생일이다.
―찰스 다윈

40억 년 동안 펼쳐진 생명의 역사의 길에서 우리는 방향성을 볼 수 있을까? 역사를 확대해보면 진핵세포가 등장했기에 이어서 다세포생물이 나타날 수 있었고, 다세포생물은 감각기관을 가진 고등한 생명체로 진화할 수 있었던 것만 같다. 고등하다는 표현도 생각해볼 여지가 있다. 생명의 진화는 하등한 쪽에서 고등한 쪽으로 점차 나아가는 것만 같다. 인간의 진화를 보면 수백만 년 전의 인간의 조상보다 현대인은 좀더 커진 뇌를 가지고 있고 좀더 똑똑해진 것도 같다. 뭔가 방향이 있다고 해도 되지 않을까? 정말 그런지 따져보자.

# 길은 로마로 통하나?

생물의 진화에 방향이 있는가? 아니면 방향이 없는가? 어렵지만 답을 정해보자.

간단한 생명체가 생겨났고, 어느 시점에 진핵세포가 생겼고, 그 후에 다세포생물이 번성했다는 것은 실제 일어난 역사다.

이 사실은 진화의 방향을 지지하는 것만 같다. **진보한다고 말해도 될 것 같다.**

시간이 가면서 생명은 진보의 에스컬레이터를 탄다고 말해도 되지 않을까?

하등한 생명체에서 고등한 생명체로?

폐렴쌍구균, 아메바보다 까마귀, 인간이 진보했다고 말해도 되지 않을까?

그런데 진보라는 표현은 문제가 커요.

산수 문제를 푸는 능력을 진보의 기준으로 하면 인간을 진보의 사다리에서 가장 위쪽에 두어도 될 것이다.

뭔가 억울한데…

하지만 환경에 적응하는 능력을 기준으로 하면, 인간, 고양이, 개가 세균의 막강한 적응 능력에 머리를 조아려야 한다.

진보의 에스컬레이터는 모든 생명체에게 공평한 기준이 없다는 치명적 문제가 있다.

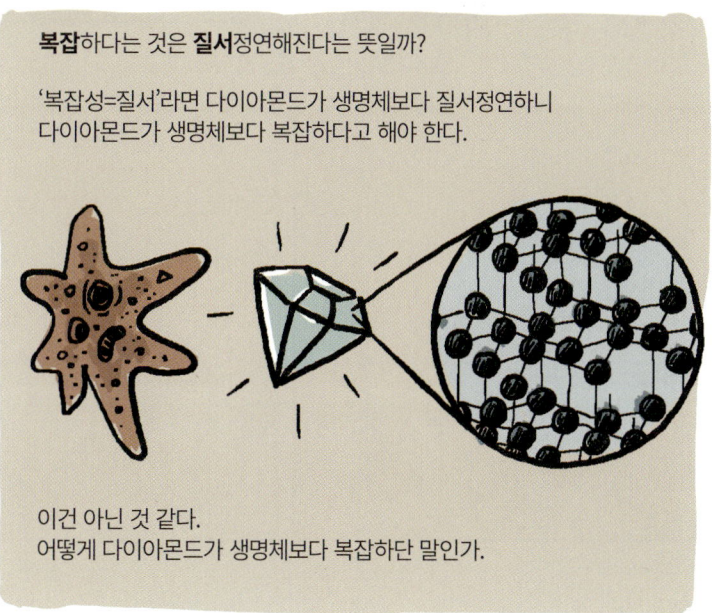

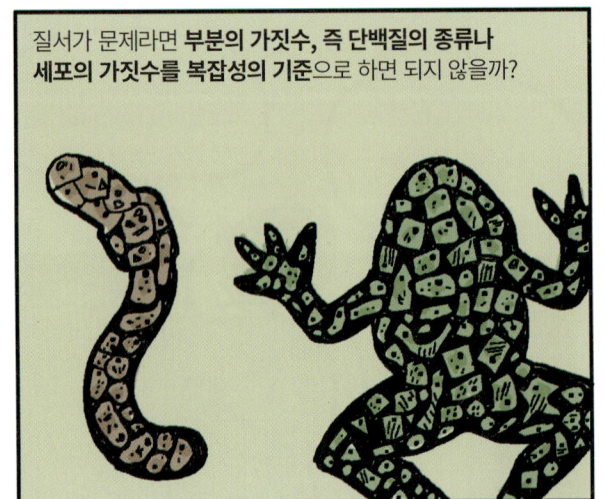

질서가 문제라면 **부분의 가짓수**, 즉 단백질의 종류나 세포의 가짓수를 복잡성의 기준으로 하면 되지 않을까?

복잡성의 잣대가 이렇다면 산처럼 쌓여 있는 쓰레기 더미가 고양이보다 복잡하다고 말해야 한다.

이것도 아닌 것 같다.

말장난 집어치우고 쉽게 갑시다, 쫌!

복잡성이 뭐든지 간에, 생명의 진화가 복잡성 증가는 아니라고 말하는 이가 있다.

복잡성이 증가한다… 글쎄요.

*조지 윌리엄스

생물이 복잡해지는 것 같지만, 정확하게는 일종의 특수화에 지나지 않아요.

생물이 부분적인 과정에서 **특수화**되는 것은 사실인 것 같다.

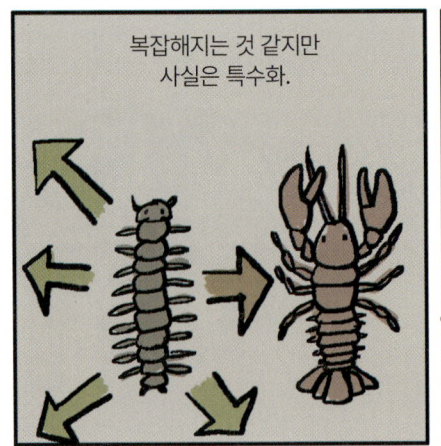

복잡해지는 것 같지만 사실은 특수화.

특정 핀치의 부리가 커지는 것도 특수화.

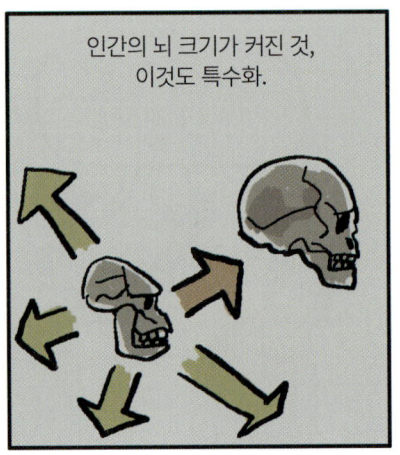

인간의 뇌 크기가 커진 것, 이것도 특수화.

복잡해진다는 것은 대체 무엇인가… 이 문제는 대충 덮고 넘어갈까…

---

＊**조지 윌리엄스**(George Christopher Williams, 1926~2010) : 미국의 진화생물학자로 리처드 도킨스(Richard Dawkins)의 저서 《이기적 유전자(The Selfish Gene)》의 이론적 기반을 제공한 학자 중에 한 명이다. ＊＊**특수화**(specialization) : 세포, 조직, 기관 등의 구조가 환경과 상호작용하여 변화하는 것.

***스튜어트 카우프만**(Stuart Kauffman, 1939~) : 미국의 이론생물학자, 복잡계 연구자. **일리야 프리고진**(Ilya Prigogine, 1917~2003) : 러시아 태생의 복잡계 이론을 주창한 화학자이자 사상가. **존 콘웨이**(John Horton Conway, 1937~2020) : 영국 태생의 미국 수학자. 세포자동자(cellular automata)의 예인 라이프게임, 초현실수, 콘웨이군, 둠스데이 알고리즘 등 많은 업적이 있다.

굴드는 생명의 복잡성이나 방향성에 대해서 큰 의미를 두지 말라고 말한다.

# EVOLUTION EXPRESS
## CHAPTER 12

# 우리뿐인가?

인생을 살아가는 데는 오직 두 가지 방법밖에 없다. 하나는 아무것도 기적이 아닌 것처럼,
다른 하나는 모든 것이 기적인 것처럼 살아가는 것이다.
— 알베르트 아인슈타인

중요한 과학 혁명들의 유일한 공통적 특성은,
인간이 우주의 중심이라는 기존의 신념을 차례차례 부숨으로써 인간의 교만에 사망 선고를 내렸다는 점이다.
— 스티븐 제이 굴드

우리는 생명체에 대해서 단 하나의 샘플만을 가지고 있다는 것을 잊으면 안 된다. 이런 형태의 생명체로 진화하는 것이 유일한 것인지, 유일하지는 않더라도 일반적이고 자연스러운 것인지… 판단하기 어려운 이유는 우리가 아는 유일한 생명체가 지구 생명체이기 때문이다. 그렇다고 외계의 생명체가 발견되기 전까지 판단을 미뤄두고 있어야 할까? 꼭 그렇지만은 않다. 지금까지 지구에서 일어난 생명의 역사를 다시 한번 살펴보자. 그 안에 해답이 있을지 모른다.

우주 건너편에 우리 같은 친구들이 있을까?

**이들을 찾는 것은 우리가 누구인지를 찾는 것과 같다.**

비교할 대상을 발견한다면 생명체가 우연인지 필연인지 가늠할 수 있다.

발견만 한다면 인류 최고의 발견이 될 거야.

사람들의 의견은 대체로 외계 생명체가 있다는 쪽으로 기울어져 있다.

왜 그럴까요?

간단하게는…

지구에 생명이 존재하니까.

이것이 이유예요.

이들은 말한다.

여기에 있는데

저기에는 왜 없겠는가?

우주가 얼마나 넓은데. 우리 은하에만 5000억 개의 별이 있는데, 이 중에 태양계만이 유일하게 생명체를 품고 있다?

이 얼마나 비논리적입니까?

얼마나 오만한 생각이냐고요!

단순한 생명체보다야 드물지만, **지적인 생명체**도 역시나 존재한다고 생각한다. 왜냐고?

**생명은 지구에서조차 단 한 번 일어난 유일한 사건의 연속이었다는 걸 배제할 수 없다.**
지구는 생명 친화적인 행성이 아닐 수도 있다.

**지적이다.** 이것은 무엇을 뜻하는가.

계산을 잘하는 것? 자신과 자신 밖의 것을 구분하는 능력?

자신이 무엇인지에 대해 고민하는 것?

과거, 현재, 미래를 구분 짓고, 앞으로 일어날 일의 가능성을 시뮬레이션하는 행위?

이야기를 좋아하는 특성?

인간은 스스로 지적이라고 말하지만 **'지적이다'**라는 것의 보편적 속성을 규정하기 어렵다.

지적인 생명체 인간은 다른 지구 생명체들과 마찬가지로 40억 년 생명의 역사에서 **작은 가지 끝에 있는 하나의 종**이라는 것. 이 정도는 알고 있다.

*페르미가 던진 유명한 질문이 있다.

왜 아무도 없는가.

뭐래?

우주가 광대하고 지적인 생명체가 흔하다면 그중에는 시공간을 넘나드는 문제는 간단히 해결한 생명체들도 수두룩할 텐데… 왜 아무도 없느냐는 말이야…

＊**엔리코 페르미**(Enrico Fermi, 1901~1954) : 이탈리아계 미국인 물리학자. 양자전기역학의 아버지, 중성자의 마술사, 원자력 제작자 등등 그를 표현하는 말은 많다. 물리학자는 보통 이론가와 실험가로 나뉘는데, 그는 양쪽 모두에서 최고봉에 있었다.

# EVOLUTION EXPRESS
## CHAPTER 13

# 의미는 어디에

만약 내가 다시 삶을 살 수 있다면, 나는 적어도 주에 한 번은 시를 읽고 음악을 듣는다는 삶의 규칙을 만들 것이다.
– 찰스 다윈

아마 우주의 궁극적인 운명에 목적은 없을 것이지만, 우리 중 누구라도 우리의 삶이
정말로 그 우주의 궁극적인 운명과 같은 운명을 가진다고 생각하는가?
물론 아니다. 제정신이라면 말이다. 우리의 삶은 보다 더 가깝고, 보다 더 따뜻한 온갖 인간적 야망과 지각이 지배한다.
살아갈 가치가 있다고 판단하게 하는 따스함을 과학이 빼앗아간다고 비난하는 것은 너무나 어리석은 잘못이다.
– 리처드 도킨스

과학에서는 '의미'가 무엇인지를 얘기하지 않는다. 의미는 가치판단적인 용어다. 하지만 지구에서 펼쳐진 생명 진화의 역사가 일어날 법한 일이었다면, 생명의 진화는 '의미'와 연결된다는 것을 부정할 수 없다. 생명의 진화란 우주의 초창기에 당연히 일어났어야만 할 사건이며, 지금 우리가 이런 모습을 지닌 존재가 된 데에는 어떤 의미가 있을 거라는 생각을 하게 된다. 그런데 지금까지의 여정에서 생명이 꼭 존재하고 진화해야 할 이유나 의미를 찾지는 못했다. 40억 년 전 지구에서 앞으로 어떤 흥미로운 사건이 일어날지를 예측하거나, 30억 년 전 미생물이 가득한 지구의 바닷가에서 앞으로 20억 년 후 무슨 일이 일어날지 예측한다는 것은 상상조차 할 수 없다. 생명의 진화는 애초부터 주어진 것이 아니라, 생명체가 순간순간 순전히 우연하게 성취한 것이다. 그렇다면 의미는 어디에 있는가? 원래부터 없었고 앞으로도 없을 것인가?

그런 생각 안 들어?
이 얼마나 소중한 순간인지.

아슬아슬하게 버티면서 무려 40억 년을 이어온 생명체들과 지금 이 순간 함께 있을 확률이 얼마나 될까.

분명 그 확률의 분모에는
우주에 있는 별의 수보다 많은 숫자가 들어갈 거네.

나도 평생 동안 생명체를 그리고 인간을
생겨나게 한 원리 같은 게 어딘가에 있지 않을까 찾아 헤맸다네.

이렇게 살아 있는 어떤 의미가 있지 않겠느냐 말이야.

그러다 문득 깨달았지.

의미 따위… 주어진 게 아니다.
지금 이 순간 스스로 만드는 거다.

의미는 생각보다 가까이 있다고…

다윈 선생님 모습이…

자, 여러분!

이번 여행은 여기까지…
안녕, 다윈 선생님. 안녕, 비글호.
안녕, 여행을 같이 한 여러분들.
그리울 거예요.

알죠? 우리의 여행에 종착역은 없다는 거…
다시 만나요.

글을 맺으며

# 생명, 그 엄청난 행운에 대하여

지난 수백 년간 이룩한 과학적 성과는 인류를 그전과는 완전히 다른 세상에 살게 하고 있습니다. 하지만 눈부신 기술 문명이 사람들의 마음을 공허하게 만들었다고 말하기도 합니다. 오히려 자유를 빼앗아갔고, 자연 환경으로부터 멀어지게 했으며, 심지어 자연을 위협할 만큼 파괴하기도 했다는데… 지금 말하려는 것은 이런 문제에 대해서가 아니라 과학이 우리의 마음 깊은 곳에 새기고 만 어떤 상처에 대한 것입니다.

뉴턴이 일으킨 혁명은 인간을 광활한 우주의 보잘것없는 변방으로 추방했습니다. 지구는 더 이상 우주의 중심에 있는 특별한 곳이 아니게 되었습니다. 하지만 이때까지만 해도 아직 든든한 보루가 남아 있었습니다. 지구의 생명체를 한번 보세요. 이들을 보고 '그저 그런 평범한 것들'이라고 할 수 있을까요? 생명체 중에 우리 인간은 좀더 특별해 보이기도 합니다. 인간은 우주가 언제 생겨났는지, 수십억 광년 떨어진 은하가 어떤 속성을 지녔는지, 별의별 것들을 다 알아내는 신뢰할 수 있는 이론들을 만들기도 했고 달에 최초로 발을 디디기도 했습니다. 아름다운 글, 음악, 미술품을 창조해내기도 합니다. 아직까지는 생명체, 그중에 인간은 특별합니다. 아무렴요.

그런데 160여 년 전 찰스 다윈의 《종의 기원》이 세상에 나왔고, 이것이 무엇인지 잠시 뜸들이며 살펴볼 시간이 지나고 나자, 우리에게 남아 있던 한 조각의 자존심조차 물거품 속으로 사라졌습니다. 모든 지구 생명체는 겉모습은 완전히 달라 보여도 모두 똑같은 유전적 속성을 뼛속까지 지니고 있는 혈육 관계였습니다. 모든 생물은 40억 년 전에 나타난 단 하나의 조상을 뿌리로 두고 있습니다. 진화적 척도로 보았을 때, 강아지나 고양이 정도는 매우 최근에 공통조상을 두고 있을 정도로 가까운 관계이며, 당신이 어제 한입 베어 물었던 바나나조차 유전체 서열로 봤을 때 당신과 50퍼센트는 일치할 정도로 가깝습니다. 미생물이든 곰팡이든 고래가 되었든 예외 없이 모든 생명체는 동일한 조상을 두고 있습니다.

그래도 인간은 이 중에 특별하지 않느냐는 생각도 바로 거두어야 할 것 같습니다. 인간에 이르는 진화의 가지를 보면 인간은 20만 년 전에 나타나 아직 얼마 지나지도 않은 유년기 생물 종에 불과합니다. 인간에 이를 수 있었던 어떤 특별한 과정도 찾아볼 수 없는, 수많은 진화의 가지들 중에 하나일 뿐입니다. 40억 년 동안 새로 등장했던 무수한 종들은 과거에 살았던 생존자들이며, 지금의 생물들은 과거에 살았던 생존자들의 유산을 지니고 오늘날을 살고 있는 생존자들입니다. 운이 좋다면 한동안 후손을 만들면서 종의 정체성을 존속시킬 것입니다. 그래도 결국에는 운이 다하여 사라지겠지만요. 생물 진화에 대한 연구는 인간도 그렇고 모든 생물은 특별한 것이 아니라고 말합니다. 모든 생물은 다들 각자 특이하다고 표현하는 게 맞습니다. 40억 년 전에 생물의 조상을 탄생시키고, 그 후 생물을 진화하도록 한 우주의 법칙은 없습니다. 아무리 들여다봐도 원자와 분자들의 상호작용이나 유전체의 서열에는 공룡이 나타나도록 하거나, 인간이나 고래의 출현을 유도하는 작용은 없습니다. 우리의 우주는 지구에 생명체가 나타나서 잘 진화하게 하는 어떠한 보살핌도, 어떠한 기대도 하지 않습니다. 지구의 생명체는 그런 무관심의 모습 그대로입니다. 어떤 목적도 없습니다. 처음 품었던 질문. 그럼 나는 왜? 여기에 있는 걸까요?

그냥… 여기에 있는 겁니다.

그저… 대단히, 기막히게 운 좋게 여기에 살고 있습니다.

운이 좋다는 말은 의미가 없다는 말로 들리기도 합니다. 그런데 한편으로는 역설적으로 의미가 있다는 생각이 들기도 합니다. 오히려 삶은 진정으로 가치 있다는 느낌이 강렬하게 솟아오릅니다. 모든 생물은 극도로 작은 확률로 이 순간 여기에 살아 있다는 사실! 이 사실을 받아들이면 오늘 하루를 보내는 느낌이 확 달라집니다. 의미는 주어지는 것이 아니라 스스로 추구하는 것입니다. 의미라는 것 자체가 원래부터 이런 것일지도 모릅니다.

예외 없이 시한부 삶을 사는 생명체의 올바른 자세는 아마도 이런 것들이 아닐까요. 행복해질 수 있는 일들을 열정적으로 찾아나서는 것, 모험을 떠나고 마주친 기회를 움켜쥐는 것, 나를 발견하는 것, 맛있는 것을 먹고, 맑은 공기 속에 한껏 숨쉬며, 이 세상의 아름다운 경치를 즐기는 것… 이런 것들인지 모릅니다. 말도 안 되게 작은 확률 뒤의 영광을 즐기는 것입니다. 아, 그리고 또 중요한 것은 사랑하는 것. 가족과 친구들, 알고 지내는 사람들, 곁에 있는 동물, 식물까지도요. 이들은 40억 년 동안 아슬아슬하게 멸종의 위기를 모면해왔으며 현재 나와 함께 서 있는, 말로 표현할 수 없을 정도로 운이 좋은 생존자들입니다. 명백한 이 사실을 받아들인다면, 이들에게 어찌 연민을 가지지 않을 수 없으며, 사랑하지 않을 수 있을까요.

찰스 다윈은 생전에 자신의 이론 때문에 고통받았고 망자가 된 후에도 논란에 시달렸지만, 사실을 좇는 과학자의 자세를 묵묵히 유지했으며 어떤 결과가 나오든 간에 받아들였습니다. 확실히 진화의 진실이 우리의 마음에 어떤 상처를 주었는지도 모릅니다. 그렇습니다. 나를 비롯한 모든 생명에게 '애초에 주어진 의미'는 없고 이 사실을 직시하는 것은 가슴이 아픕니다. 하지만 의미란 누구나 스스로 채우는 것입니다. 이것이 의미의 본질일 것입니다. 다윈은 우리에게 고통만을 준 것이 아니라, 지금 이 순간을 헛되이 보내지 말고 가능하면 의미로 가득 채우라는 메시지를 전하고 있습니다.

2021년 2월

**조진호**

### 주요 등장인물 소개

**에피쿠로스**(Epicouros, B.C.341~B.C.270)

에피쿠로스 철학의 기초는 원자론이다. 참된 실재는 빈 공간과, 그 속에서 운동하는 원자뿐이다. 인간의 생각이나 감각을 포함하여 세상의 모든 것들도 결국에는 원자들이 만들어내는 현상이다. 에피쿠로스의 유물론은 생명에 대해서도 일관된 관점을 가지고 있다. 대지에서 우연하게 발생했고, 여차 저차 우연한 사건들이 이어지면서 복잡한 조합으로 변화해간 것이 생명체인 것이다. 에피쿠로스는 오늘날까지도 유신론의 비판을 받고 있지만, 그가 살던 당시에도 창조론자들과 싸웠다. 에피쿠로스는 생명체와 인간이 모종의 계획에 의해서 만들어졌다는 결정론에 극렬히 반대했으며, 미신과 종교에 대항했다. 살아 있는 동안 가능하면 고통을 피하고 자유를 즐기고 영혼의 평화를 찾는 데에 관심을 기울이자고 주장했다.

**데이비드 흄**(David Hume, 1711~1776)

흄은 그의 저서에도 에피쿠로스를 자주 등장시킬 만큼, 에피쿠로스의 유물론을 마음에 들어했다. 우주의 질서는 물질적 힘이 맹목적으로 상호작용하면서 발생한 것이며, 생명체 역시 비슷한 과정으로 생겨났다고 주장했다. 당시에 설계론자들의 주장을 반박했는데, 흄이 보기에 설계론자들의 논리는 대단히 비합리적이라서 도저히 받아들일 수 없다고 말했다. 설계론자들은 자연에 있는 몇몇 예들을 찾고, 단지 그것만을 근거로 설계자가 있다고 결론짓는 것뿐이라고 보았다.

**장 바티스트 라마르크**(Jean Baptiste Lamarck, 1744~1829)

다윈에 앞서 체계적인 진화론을 펼친 생물학자다. 생물은 본래 진화하는 내적인 '경향'을 가지고 있고, 환경과 상호작용하면서 생물의 '욕구'에 의해 진화해간다는 것이 라마르크의 이론이고, 이것을 라마르크주의라고 한다. '경향', '욕구' 개념은 목적론적인 성격이 강하다. 후에 다윈의 진화론과 비교하여 라마르크주의는 공격을 당하고 부정된다. 라마르크는 생존 당시에도 퀴비에 같은 권위 있는 과학자들에게 철저히 공격당하며 인정을 받지 못했고, 만년에는 시력을 잃어 고생했으며 빈곤에 허덕이다가 생을 마감한다. 하지만 라마르크가 생명체의 진화는 환경과 상호작용하면서 일어난다는 혁신적인 발상을 최초로 제시했다는 것은 확실하다.

### 조르주 퀴비에(Georges Léopold Cuvier, 1769~1832)

어린 시절 가난에 시달렸던 퀴비에는 불굴의 노력으로 성공한 입지전적 인물이다. 파리 자연사박물관의 교수를 역임하고 많은 자리를 차근차근 올라갔으며 나폴레옹의 중용으로 파리대학의 총장 자리까지 꿰찼다. 출세만 향해 달려간 것이 아니라 학문에 대한 열정도 대단했다. 퀴비에는 비교해부학과 고생물학을 스스로 창시했으며 생물학에서는 권위의 상징이었다. 당시에 싹트기 시작한 진화론을 격렬히 반대했는데, 진화론자들은 퀴비에의 지식과 논리를 이길 수 없었다. 진화론은 시작부터 퀴비에라는 거인에 맞서 싸워야 했던 것이다.

### 찰스 다윈(Charles Robert Darwin, 1809~1882)

학문의 모든 분야를 나열했을 때, 다윈의 진화론만큼 오랜 시간 혹독한 시련과 논쟁을 겪은 이론은 거의 없다. 하지만 끝내 다윈의 이론은 160여 년의 시간을 견뎌 살아남았고, 생물학의 범주를 넘어 사회학, 심리학, 예술 분야 등등 폭넓게 영향을 미치고 있다. 다윈만큼 인간의 사상에 큰 영향을 끼친 사람도 별로 없을 것이다. 뉴턴, 아인슈타인 정도 되어야 견줄 만할까? 지금의 우리는 생명의 진화라는 개념을 아주 친숙하게 느끼지만, 사실은 불과 160년 전에 다윈이 바꿔놓은 세계관 위에 살고 있는 것이다. 들뜬 마음으로 비글호에 올라타는 다윈은 짐작도 못했을 것이다. 그가 앞으로 해내는 일이 얼마나 큰 것인지… 눈곱만큼, 털끝만큼도 생각하지 못했을 것이다.

### 찰스 라이엘(Charles Lyell, 1797~1875)

라이엘의 저서 《지질학 원리(The Principles of Geology)》는 출간 당시 학계에 큰 영향을 끼쳤다. 그는 허턴의 이론 '동일과정설(uniformitarianism)'을 발전시켰고 널리 이해시켰다. 라이엘 이전에는 거대한 산과 강은 과거에 어떤 사건으로 일순간에 만들어졌고, 현재는 지질학적으로 안정되어 있다는 것이 상식이었다. 그러나 라이엘은 지질 현상이 과거는 물론 현재, 미래에도 동일한 과정과 속도로 일어난다고 보았다. 다윈은 비글호 항해 동안 품속에 항상 라이엘의 책을 간직하고 있었다.

### 에른스트 헤켈(Ernst Haeckel, 1834~1919)

헤켈은 다방면에서 최고의 능력을 발휘한 멀티플레이어였다. 동물학자이자 의사였으며, 철학자이자 화가이기도 했다. 그가 학명을 붙인 생물은 수천 종에 달한다. 이름 붙이는 걸 좋아했는지, 그가 만든 학술 용어도 수없이 많다. 그가 정교한 솜씨로 그린 동식물의 구조는 빼어난 예술성을 뽐내고, 헤켈의 계통수는 당시의 표준이 되기도 했다. "개체 발생은 계통 발생을 반복한다"는 헤켈의 '발생반복설(recapitulation theory)'은 학계에 깊은 인상을 주었지만 나중에는 많은 논란을 남겼고, 발생반복설을 설명하는 그의 아름다운 삽화는 나중에 조작으로 밝혀지기까지 했다. 헤켈은 저술 활동과 강연도 많이 했는데, "정치는 생물학의 응용이다", "인종의 발전이 필요하다" 같은 말들을 하곤 했고, 이를 정치인들이 인종차별의 근거로 삼기도 했다.

### 아우구스트 바이스만(August Weismann, 1834~1914)

다윈 이론에 멘델의 유전법칙을 적용하여, 다윈 이론을 소생시켜준 장본인은 바이스만이었다. 그는 진화의 주된 원인을 유성생식에 의한 형질의 다양성에서 찾았다. 이때만 해도 DNA나 유전물질에 대한 지식이 없었는데, 그는 생식질(germ plasm)이라는 용어를 만들고, 이것이 유전 현상의 핵심이라고 생각했다. 생식질은 모계, 부계로부터 반반씩 나와서 수정이라는 과정을 거쳐 다시 원래의 양으로 복구된다. 이러한 유성생식은 새로운 조합을 만드는 과정이며 다양한 형질을 가진 자손을 만드는 원천이라고 본 것이다. 바이스만은 오직 생식질과 자연선택만이 진화에 영향을 주는 요인이라고 주장했다. 오늘날 바이스만의 이론은 신다윈주의(Neo-Darwinism)라고 불리고 있다.

### 토머스 모건(Thomas Hunt Morgan, 1866~1945)

미국의 명문가에서 태어나고 자란 모건은 엘리트 코스를 밟은 후에 생물학자의 길에 들어섰다. 호기심과 에너지가 넘치는 이 젊은 생물학자는 발생학 연구에 매진했으며, 발생학에 관한 책도 여러 권 집필했다. 그는 이론보다는 실험에 특히 매력을 느꼈고, 평생 동안 실험을 그의 연구 방식으로 삼았다. 컬럼비아대학에서 1908년부터 시작한 초파리의 유전 실험은 그를 생물학의 슈퍼스타로 만들었다. 그의 업적은 이루 말할 수 없을 정도다. 그동안 관념 속에서나 존재했던 유전자를 염색체 위에 존재하는 구체적인 물질로 확인시켰으며, 멘델에서 시작된 유전의 메커니즘을 체계화시켰다. 모건은 멘델이나 매클린톡처럼 고독한 수행자 같은 스타일은 아니었다. 모건의 초기 연구가 성공하자 실험실에 대학원생이 몰려들었고, 모건의 실험실은 '파리방(fly room)'이라고 불렸다. 초파리가 들어 있는 수많은 우유병과 바퀴벌레가 득실대던 실험실에서, 모건은 많은 학생들과 둘러앉아 얘기하는 것을 즐겼다. 실험 이야기만 나눈 것이 아니라 커피나 술을 마시며 음악을 듣기도 하고 장난도 많이 쳤다. 모건의 업적은 그만의 것이 아니었다. 교차율을 이용한 염색체 지도를 완성한 것은 모건의 제자들의 많은 아이디어가 어우러져 이룬 업적이었다. 모건의 파리방 출신 학생들은 학계 곳곳으로 진출했고 노벨상 수상자들도 더러 있었다. 모건은 후에 노벨상을 받은 것보다 더 큰 기쁨은 자신이 유전학을 체계화했고 저변을 넓히는 데 공헌했다는 것이라고 말했다.

### 바버라 매클린톡(Barbara McClintock, 1902~1992)

매클린톡이 어릴 때, 아버지는 딸이 원하는 것은 뭐든지 해줬다고 한다. 자동차를 보고 기계에 관심을 보이자, 기계 연장을 사 주고 같이 자동차를 고쳤다. 매클린톡은 평생 기계 고치는 취미를 가지게 되어서, 실험실에 있는 현미경이나 여러 실험 장비를 웬만하면 손수 고쳐서 썼다고 한다. 또 아버지는 딸이 권투 경기를 유심히 보자, 다음날 권투 장갑을 사다 주기도 했다. 자유로운 영혼 매클린톡은 20세기 초반 남자들만 득실거리는 과학자의 길을 걷는다. 다른 이유는 없다. 재미있을 것 같아서. 대학 때도 다른 여학생들과 달리 짧게 자른 머리에 바지를 입고 다녔다. 매클린톡은 옥수수의 유전 현상에 대해서 연구한 끝에 '뛰는 유전자(jumping genes)' 개념을 발표하게 된다. 매클린톡은 '뛰는 유전자'란 유전체를 이리저리 옮겨 다니고, 주변 유전자를 교란하여, 유전자의 활성을 켜고 끄는 역할을 할 것이라고 설명했다. 학계의 반응은 가벼운 웃음과 침묵이었다. 당시의 유전자에 대한 상식으로는 말도 안 되는 것이었기 때문이다. 하지만 수십 년이 흐르고 나서 매클린톡의 연구는 재발견된다. 실제로 '뛰는 유전자'는 유전체에 광범위하게 존재했으며, 매클린톡의 말대로 유전자 발현을 조절하고 있으며, 생명체의 진화 연구에 돌파구를 여는 등, 오늘날 '전이인자(transposable element)'로 불리는, 대단히 중요한 연구 대상이 된 것이다. 젊은 날의 연구는 그녀의 나이 82세 때에야 노벨 생리의학상이 되어 돌아왔다. 뒤늦은 인정에 억울할 만도 하지만 매클린톡은 수상 소식을 듣자마자 깔깔대고 웃으며 "말년에 돈벼락 맞았네"라고 말했다고 한다. 그녀는 시상식에서 노벨상을 받지 못했더라도, 평생 연구하면서 살 수 있었던 것만으로 충분히 보상받았으며 행복하게 살았다고 말했다. 그 후 90세에 세상을 떠나기까지 여전히 자동차 타이어를 손수 교환했고, 틈틈이 에어로빅 체조를 했으며, 연구실을 청소하고, 낮잠을 잤으며, 밭에서 옥수수를 가꾸었다.

**그레고어 멘델**(Gregor Johann Mendel, 1822~1884)

멘델과 매클린톡은 여러모로 닮았다. 매클린톡이 오랜 시간 동안 옥수수밭에서 시간을 보내면서 유전자를 생각했던 것처럼, 멘델은 수도원의 완두콩밭에서 유전자에 대해서 고민했다. 도와주는 이 없이 둘 다 고독하고 지루할 만큼 반복된 연구를 수행했으며, 오랜 시간 인정받지 못한 것도 똑같다. 멘델은 죽을 때에도 "나의 시대는 반드시 온다"라고 중얼거렸다고 한다.

하지만 멘델의 말년은 매클린톡처럼 여유롭진 못했다. 수도원장이 된 멘델은, 오스트리아의 의회가 수도원으로부터 세금을 징수하는 법을 제정하자, 그 후 10년 동안 법 철회를 위한 투쟁에 앞장섰다.

### 에른스트 마이어(Ernst Walter Mayr, 1904~2005)

마이어는 젊은 시절 다윈처럼 새에 대한 연구를 위해 남태평양의 오지를 탐험했다. 그리고 생물의 종 분화 과정에 대한 연구로 진입했다. 역시 다윈의 행보와 비슷하다. 종 분화의 원인으로 유전자 흐름을 차단하는 장벽을 생각했던 그는 종을 새롭게 정의하는 문제에 대해 골몰했고, 종이라고 하는 것은 자기들끼리만 번식할 수 있는 집단이라고 결론 내렸다. 개체군 안에서 지리적인 격리, 먹이에 대한 접근, 짝짓기, 그 외 여러 가지 이유 때문에 고립되는 일이 벌어지면 유전적으로도 원래의 개체군과 차이가 생기고, 시간이 흐르면서 결국 새로운 종으로 분화할 수 있다. 마이어의 종 분화에 대한 통찰력 있는 연구는 대표적인 종 분화 이론으로 자리 잡게 된다. 마이어는 수십 권의 저서와 천 편에 가까운 논문을 발표할 만큼 죽는 날까지 대단히 생산적인 연구를 지속했다. 생물학을 철학 분야로 확장하기도 했으며, 생물학은 물리학과 다르게 역사적인 관점이 필요하다고 강조했다. 그는 20세기를 가장 대표할 만한 진화생물학자로 인정받고 있으며, 많은 사람들이 그를 20세기의 다윈으로 추앙하고 있다.

### 스티븐 제이 굴드(Stephen Jay Gould, 1941~2002)

마이어가 많은 학자들에게 인정받은 정통파 진화론자였다면, 굴드는 진화학에 있어서 이단아 같은 존재였다. 기존의 다윈주의에 작은 꼬투리라도 보이면 끝까지 비꼬며 물고 늘어졌다. 굴드는 오랜 시간에 걸쳐 점진적으로 진화한다는 기존의 정설을 반박하고, 단속평형설(punctuated equilibrium)을 주장했다. 종은 오랜 기간 안정적인 상태를 유지하다가, 종 분화가 나타나는 짧은 기간에 급격한 변화가 나타난다는 것이다. 과거에 퀴비에가 관찰했듯이 화석에는 진화의 중간 단계가 여간해서 보이지 않는 이유에 대해서 다윈은 화석 기록 자체가 매우 훼손된 기록이기 때문이라고 해석했지만, 굴드는 원래 생물의 진화가 짧은 시간 동안 급격히 일어났기 때문에 화석 기록에도 당연히 그 짧은 과정이 존재하지 않는 것이라고 주장했다. 굴드는 진화에 자연선택의 비중이 지나치게 과장되어 있다고 비판했으며, 생물이 단순한 것에서 복잡한 것으로 나아간다는 기존의 인식에도 문제가 있다고 비판했다. 기존의 인식은 목적론적 진화를 연상시키는 것이며, 다윈의 사상과도 맞지 않다고 생각했다. 굴드의 주장들은 결코 비판을 위한 비판이 아니었다. 어쩌면 진화론에 새 바람을 불러일으켰으며, 진화론을 풍성하게 만들었다.

**기무라 모토**(木村資生, Kimura Moto, 1924~1994)

중립 진화 이론(neutral theory of molecular evolution)을 발표한 일본의 분자생물학자. 현재의 진화 이론은 자연선택과 함께 기무라의 중립설을 진화의 주된 요인으로 보고 있다.

**수얼 라이트**(Sewall Green Wright, 1889~1988)

미국의 유전학자. 피셔, 홀데인과 더불어 다윈의 진화 이론과 멘델의 유전법칙을 결합하여 '현대 종합 이론(The Mordern Synthesis)'을 구축했다.

**존 홀데인**(John Burdon Sanderson Haldane, 1892~1964)

영국의 생리학자이자 유전학자로 집단유전학의 창시자 중 한 명이다. 성과 관련한 유전학 규칙인 '홀데인 규칙'을 제안했다.

**로널드 피셔**(Ronald Aylmer Fisher, 1890~1962)

영국의 농학자이자 근대 통계학에 발전에 크게 기여한 통계학자이다. 추계 통계학을 창시했다.

### 현대 종합 이론(The Modern Synthesis)

현대 종합 이론은 생물학의 여러 분야에서 진화와 관련한 것들을 종합한 이론으로, 생물학자들이 대체로 인정하고 있는 진화의 중심 이론이다. 물론 진화론에는 논쟁과 비판이 끊이지 않고 서로가 동의하지 않는 부분들도 많아서 이론을 종합하기 위해 매우 어렵고 복잡한 과정을 거쳐야 했다. 현대 종합 이론은 다윈의 자연선택과 멘델의 유전법칙, 집단유전학이 주축을 이루고 있다. 기본적으로는 유전학자 테오도시우스 도브잔스키(Theodosius Dobzhansky, 1900~1975)가 저술한 《유전학과 종의 기원(Genetics and the Origin of Species)》에 핵심적인 내용들이 수록되어 있다. 집단에는 풍부한 유전적 다양성이 존재하며, 자연선택이 표현형을 변화시키기도 하지만 유전적 변이를 유지시킨다는 주장이 있고, 유전자풀(gene pool)에 영향을 미치는 요인, 즉 진화 요인으로 돌연변이, 유전적 부동, 이주와 지리적 격리가 있다는 내용 등등이 있다. 기무라 모토, 로널드 피셔, 존 홀데인, 수얼 라이트, 에른스트 마이어, 조지 심프슨(George Gaylord Simpson) 등이 종합 이론의 대표적인 학자들이다. 현대 종합 이론 이후에도 각 분야의 진화 연구는 여전히 활발히 진행되고 있으며, 풍성해지고 있다.

사실, 소개하지 못한 진화론 이야기와 학자들이 너무나 많다. 오늘날 진화론은 생물학을 넘어 사회생물학, 진화심리학, 행동경제학, 진화경제학 등등 다른 분야로까지 폭넓게 확장되고 있다. 진화론 자체가 과학 분야에서 이러한 확장성을 가지는 특성을 가지고 있기 때문이다. 진화론은 기존의 보수적인 학문에 대안을 제시하는 한편 논쟁도 불러일으키면서 신선한 바람을 일으키고 있는 것이 사실이다.

### 에드워드 윌슨(Edward Osborne Wilson, 1929~)

개미 연구의 권위자인 생물학자로 사회생물학의 창시자이자 퓰리처상을 두 번이나 수상한 과학 저술가다. 윌슨의 유명한 저서들은 '유전자 결정론'의 느낌을 강하게 풍기고 있는데, 이로 인해 비판도 받게 된다. 인간을 포함한 동물의 사회적 행동이 진화 과정의 결과로 형성된 것이라는 게 사회생물학의 주요 골자이다. 하지만 윌슨은 말년에 자연선택에 대해서 유전자나 개체가 아닌 집단 선택설을 지지하는 쪽으로 돌아섰으며 리처드 도킨스와 이 문제로 설전을 벌이면서 사이가 벌어졌다.

### 리처드 도킨스(Richard Dawkins, 1941~)

진화생물학자이자 탁월한 과학 저술가. 《이기적 유전자(Selfish Gene)》는 도킨스의 대표작인데, 진화를 유전자의 시각에서 바라보는 신선한 관점을 보여주고 있다. 인간의 행동이 유전자에 의해 좌우된다. 생물은 유전자의 생존 기계이며 운전자라고 하는 유전자 결정론적인 내용 때문에 많은 혹평과 호평을 동시에 받고 있다.

### 윌리엄 해밀턴(William Donald Hamilton, 1936~2000)

20세기 후반의 가장 뛰어난 이론생물학자. 에드워드 윌슨이나 리처드 도킨스가 쓴 저술의 이론적 토대는 해밀턴의 연구에 있다. 혈연선택설, 노화의 자연선택, 배우자 경쟁 이론, 이기적인 군집 이론, 분산 이론 등등 수많은 이론들을 발표했다.

**앨프리드 월리스**(Alfred Russel Wallace, 1823~1913)

명문가 출신인 다윈과 달리 가난한 노동자였던 월리스는 어렵게 공부해 측량 교사가 된 후, 훔볼트와 다윈의 탐험 여행 책에 완전히 매료되어서 세계 각지를 돌아다니며 생물을 채집하겠다는 마음을 먹었다. 돈벌이를 위해서 오랜 시간 동안 아마존 밀림에서 채집한 곤충을 내다 팔려고 했는데, 귀국하면서 배에 화재가 나는 바람에 모아둔 수집 표본 전부를 잃고 거의 목숨까지 잃을 뻔했다. 귀국한 뒤에도 늘 빈곤에 허덕이던 그는 다시 말레이시아, 인도네시아로 떠났다. 밀림의 전염병으로 죽을 고비를 넘기며 고생하던 중에도 그의 연구는 착착 진전되고 있었다. 지리적 특징과 생물 종들 사이의 연관성을 찾아내기도 했고, 자연선택과 진화에 대한 생각을 정리했다. 월리스는 자신의 생각을 저널에 보내 발표하기 전에 그가 존경하는 대선배 학자인 다윈에게 먼저 알렸다. 월리스의 연구를 본 다윈은 거의 쇼크 상태에 빠졌다. 자신의 아이디어와 너무나 흡사했던 것이다. 다윈이 라이엘에게 보낸 편지를 보면 다윈의 심정을 알 수 있다. "제가 추월당할 거라던 당신의 말이 그대로 사실이 된 것 같습니다… 이렇게 놀라운 우연의 일치를 본 적이 없습니다. 이보다 더 훌륭하고 간략한 요약은 없을 것입니다." 그때까지는 자기 연구를 알리는 데 소극적이었던 다윈은 진화 이론 발표의 우선권 문제가 생기자 라이엘에게 고충을 토로했고, 라이엘은 다윈과 월리스의 논문을 함께 발표할 것을 권했다. 결국 1844년 다윈과 월리스의 논문은 함께 세상에 공개되었다. 그 후 다윈은 저술에 온 힘을 다 바쳤고, 《종의 기원》이 출간되자 진화 이론과 다윈 이론은 동의어가 되었다. 월리스의 심정이 어땠을까? 그는 《종의 기원》을 읽고 그 심원함에 감탄했으며, 다윈이 위대한 과학자의 반열에 오르는 것을 뿌듯하게 지켜본 것 같다. 월리스가 친구에게 보낸 편지에는 이런 내용이 있다. "다윈의 책에 대한 존경심을 어떻게 표현해야 할지 모르겠네. 솔직히 아무리 끈기 있게 실험에 임한들 이 책의 완벽함에는 절대로 이르지 못할 걸세. 다윈 선생은 새로운 과학과 새로운 철학을 창조했네." 월리스는 평생 다윈을 존경했으며 그의 진화론에 대한 책을 《다윈주의(Darwinism)》이라는 제목으로 출판하기도 했다.

## 참고문헌

- 찰스 로버트 다윈, 《종의 기원》, 장대익 옮김, 사이언스북스, 2019년.
- 장대익, 《다윈의 식탁》, 김영사, 2008년.
- 뉴턴 편집부 엮음, 월간 〈뉴턴〉 2013년 7월호, 아이뉴턴, 2013년.
- 뉴턴코리아 편집부 엮음, 《생명이란 무엇인가? : 어떻게 진화해왔을까?》, 아이뉴턴, 2008년.
- 하랄트 레슈, 하랄트 차운, 《하루만에 읽는 생명의 역사》, 김하락 옮김, 21세기북스, 2010년.
- 스튜어트 카우프만, 《혼돈의 가장자리》, 국형태 옮김, 사이언스북스, 2002년.
- 에드워드 J. 라슨, 《진화의 역사》, 이충 옮김, 을유문화사, 2006년.
- 스티븐 제이 굴드, 《풀하우스》, 이명희 옮김, 사이언스북스, 2002년.
- 데이비드 쾀멘, 《신중한 다윈씨》, 이한음 옮김, 승산, 2008년.
- 프란시스코 호세 아얄라, 《진화론을 낳은 위대한 질문들》, 윤소영 옮김, 휴머니스트, 2014년.
- 로저 르윈, 《진화의 패턴》, 전방욱 옮김, 사이언스북스, 2002년.
- 파비앵 그롤로 글, 제레미 루아예 그림, 《다윈의 기원 비글호 여행》, 김두리 옮김, 이데아, 2019년.
- 이은희 글, 최재정 그림, 《다윈의 진화론》, 작은길, 2019년.
- 케빈 랠런드, 길리언 브라운, 《센스 앤 넌센스》, 양병찬 옮김, 동아시아, 2014년.
- 앙드레 피쇼, 《유전자 개념의 역사》, 이정희 옮김, 나남출판, 2010년.
- 린 마굴리스, 도리언 세이건, 《생명이란 무엇인가》, 김영 옮김, 리수, 2015년.
- 자크 모노, 《우연과 필연》, 조현수 옮김, 궁리, 2010년.
- 코너 커닝햄, 《다윈의 경건한 생각》, 배성민 옮김, 새물결플러스, 2012년.
- 제리 코인, 《지울 수 없는 흔적》, 김명남 옮김, 을유문화사, 2011년.
- 짐 알칼릴리 엮음, 《지구 밖 생명을 묻는다》, 고현석 옮김, 반니, 2018년.
- 닉 레인, 《생명의 도약》, 김정은 옮김, 글항아리, 2011년.
- 리처드 도킨스, 《이기적 유전자》, 홍영남 · 이상임 옮김, 을유문화사, 2018년.
- 폴 데이비스, 《생명의 기원》, 고문주 옮김, 북스힐, 2000년.
- 폴 데이비스, 《침묵하는 우주》, 문홍규 · 이명현 옮김, 사이언스북스, 2019년.
- 빅터 J. 스텐저, 《신 없는 우주》, 김미선 옮김, 바다출판사, 2013년.
- 크리스 임피, 《우주 생명 오디세이》, 전대호 옮김, 까치, 2009년.
- 이정모, 《공생 멸종 진화》, 나무나무, 2015년.
- 션 B. 캐럴, 《이보디보, 생명의 블랙박스를 열다》, 김명남 옮김, 지호, 2007년.
- 션 B. 캐럴, 《한 치의 의심도 없는 진화 이야기》, 김명주 옮김, 지호, 2008년.
- 조지 윌리엄스, 《진화의 미스터리》, 이명희 옮김, 사이언스북스, 2009년.
- 에른스트 마이어, 《진화란 무엇인가》, 임지원 옮김, 사이언스북스, 2008년.
- 조너선 와이너, 《핀치의 부리》, 양병찬 옮김, 동아시아, 2017년.
- 페르 박, 《자연은 어떻게 움직이는가?》, 정형채 · 이재우 옮김, 한승, 2012년.
- 신현철, 《진화론은 어떻게 진화했는가》, 컬처룩, 2016년.
- 칼 짐머, 《진화 : 모든 것을 설명하는 생명의 언어》, 이창희 옮김, 웅진지식하우스, 2018년.
- 마크 W. 커슈너, 존 C. 게하트, 《생명의 개연성》, 김한영 옮김, 해나무, 2010년.
- 최종덕, 《생물철학》, 생각의힘, 2014년.
- 김종태, 《진화론 통사》, 생각나눔, 2015년.
- 데이비드 C. 린드버그, 《서양과학의 기원들》, 이종흡 옮김, 나남출판, 2009년.
- 린 마굴리스, 《공생자 행성》, 이한음 옮김, 사이언스북스, 2007년.
- 김우재, 《플라이룸》, 김영사, 2018년.
- Neil A. Campbell, Jane B. Reece, Lisa A. Urry. Etal., *Biology*, 8th Edition, Pearson Benjamin Cummings, 2008

# 생명의 역사

아래의 동그란 그래프는 46억 년 지구의 역사를 시계처럼 표현해놓은 것이다. 오른쪽 페이지에 나열된 지구 역사 속의 주요 사건과 아래 그래프를 대조해보면 그 시기와 기간을 상대적으로 파악할 수 있다. 지구가 탄생한 46억 년 전부터 지구의 역사를 한 시간으로 따져보면, 동물은 약 9분 전에 생겨났고 인류는 나타난 지 0.2초도 되지 않은 셈이다. 이 그래프들에 기록된 연대는 절대적 사실이 아닌 대략적인 추정 연대로, 새로운 발견이 있을 때마다 변동이 생기곤 한다. 최초의 원핵생물, 즉 생명의 공통조상(LUCA)은 대체로 40~35억 년 전에 나타났다고 추정하지만, 요즘은 약 45억 년 전에 나타난 것으로 추정하는 연구도 있다.

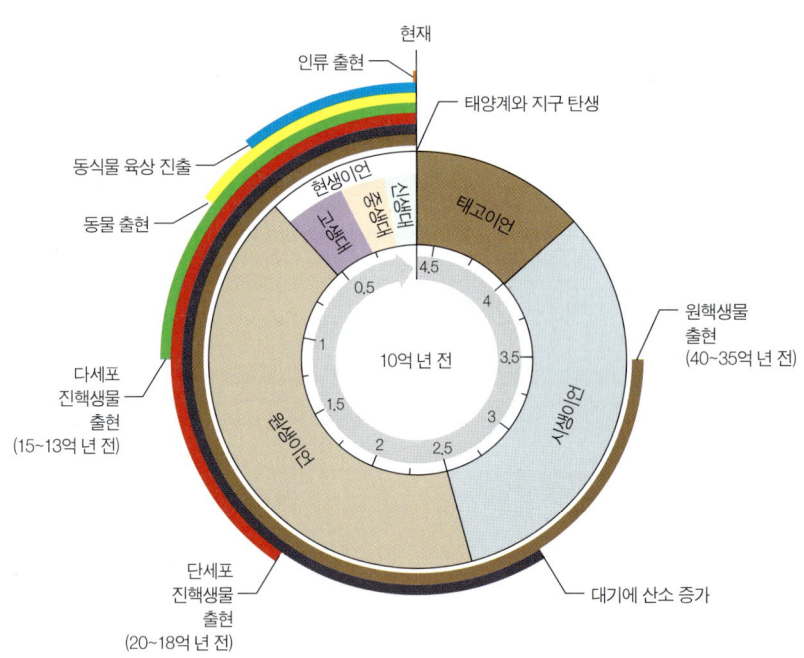

▼ 이 그래프는 위의 원형 그래프를 선형으로 펼쳐놓은 것이다.

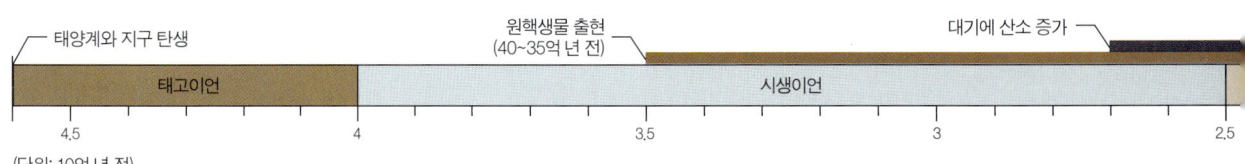

(단위: 10억 년 전)

## 표로 보는 생명 역사 속의 중요한 사건들

| 이언(Aeon) | 대 | 기 | 세 | 연대<br>(백만 년 전) | 주요 사건 |
|---|---|---|---|---|---|
| 현생이언<br>Phanerozoic | 신생대<br>Cenozoic | 제4기<br>Quaternary | 현세<br>Holocene | 0.01 | 역사시대 |
| | | | 홍적세<br>Pleistocene | 2.6 | 빙하기, 사람속의 기원 출현 |
| | | 신제3기<br>Neogene | 선신세<br>Pliocene | 5.3 | 이족보행 인간 조상 출현 |
| | | | 중신세<br>Miocene | 23 | 포유류와 속씨식물이 번성하고 최초의 직접적인 인간 조상 출현 |
| | | 고제3기<br>Paleogene | 점신세<br>Oligocene | 34 | 많은 영장류의 기원 출현 |
| | | | 시신세<br>Eocene | 56 | 속씨식물이 우세해지고 대다수 현존 포유류목의 확산 |
| | | | 효신세<br>Paleocene | 66 | 포유류, 조류, 수분매개 곤충이 확산 |
| | 중생대<br>Mesozoic | 백악기<br>Cretaceous | | 145 | 속씨식물의 출현과 다양화; 말기에 대다수 공룡을 포함하여 많은 생물군 멸종 |
| | | 쥐라기<br>Jurassic | | 201 | 겉씨식물 지속적으로 우세한 가운데 풍부하고 다양한 공룡 서식 |
| | | 삼첩기<br>Triassic | | 252 | 겉씨식물이 우세해지고 공룡 확산, 포유류의 기원 등장 |
| | 고생대<br>Paleozoic | 페름기<br>Permian | | 299 | 파충류가 확산되고 현존 곤충의 기원이 출현, 말기에 많은 해양생물과 육상생물의 멸종 |
| | | 석탄기<br>Carboniferous | | 359 | 관다발식물의 광범위한 숲 형성, 첫 종자식물 출현, 파충류의 기원 출현, 양서류가 많아짐 |
| | | 데본기<br>Devonian | | 419 | 경골어류가 다양해지고 사지류와 곤충이 최초로 출현 |
| | | 실루리아기<br>Silurian | | 444 | 초기 관다발식물의 다양화 |
| | | 오르도비스기<br>Ordovician | | 485 | 해양조류와 균류가 풍부하고 다양해지며 식물과 동물의 육상 진출 |
| | | 캄브리아기<br>Cambrian | | 541 | 많은 동물문이 급격하게 다양해짐(캄브리아기 폭발) |
| 원생이언<br>Proterozoic | 신원생대<br>Neoproterozoic | 에디아카라기<br>Ediacaran | | 635<br>1000<br>1800<br>2500 | 다양한 조류와 연한 신체의 무척추동물 출현<br><br>진핵세포의 가장 오래된 화석 출현 |
| 시생이언<br>Archean | | | | 2700 | 대기 산소의 농도가 증가하기 시작 |
| | | | | 4000~3500 | 세포(원핵생물)의 가장 오래된 화석 출현 |
| 태고이언<br>Hadean | | | | 4000 | 지표에서 가장 오래된 것으로 알려진 암석 생성 |
| | | | | 약 4600 | 지구의 탄생 |

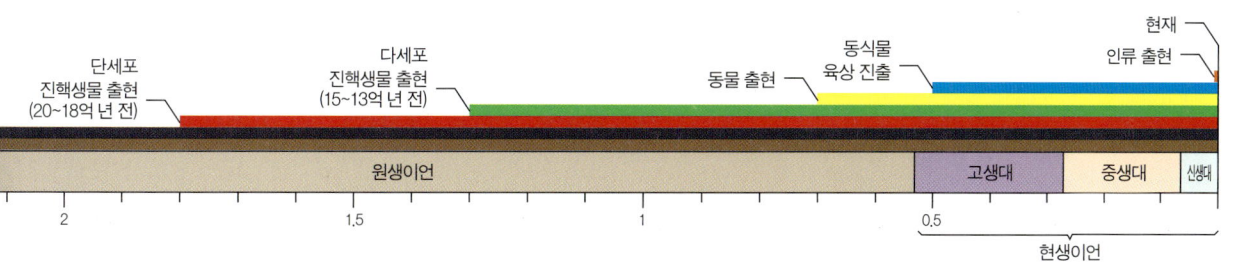

## 찾아보기

### ㄱ

갈라파고스 제도 40, 42-43, 53-55, 57, 59, 60-67, 85, 87, 97, 179, 281
감수분열 123, 206
개체 91, 94-96, 98-99, 103-105, 107-108, 121, 129-132, 151, 165, 188, 190, 192, 198-199, 202, 204-206, 213, 289
개체군 94, 96, 98, 103-107, 118, 130, 141, 151, 205, 243, 293
계통수 72, 75, 152-153, 289
고생물학 34, 289
고세균 152, 237
공룡 73, 80, 240-241, 287
공통조상 46, 49, 67-69, 71, 73-76, 80, 84-86, 107-108, 143, 162, 217, 233, 286
관다발 167
광합성 163, 167, 224, 229
광합성세균 163
교배 94, 99, 121, 128-130, 203, 205
교차 현상 123
교차율 123
굴드, 스티븐 제이 137, 177, 191, 212, 214, 222-223, 225, 243, 255-256, 265, 268, 293, 299
굴드, 존 60
균류 152
기무라 모토 190, 294
기후 61-62, 64, 207, 239-240

### ㄴ

남세균 163-165, 167, 175
노화 213, 296
눈덩이 지구 174
뉴턴, 아이작 40, 47, 223, 286, 289
니덤, 존 19

### ㄷ

다세포 진핵생물 185-190, 192, 197-198, 200, 212-213, 247
다세포생물 75, 94, 165-166, 174, 176, 181, 184-185, 193, 217, 229, 237-239, 244-245
다윈, 찰스 29, 38, 40, 42, 45-49, 51-52, 54-68, 71-73, 76-77, 81, 86-87, 90-91, 94-95, 98-99, 102, 104, 107-110, 113, 117-121, 124-127, 136-137, 142, 144-145, 152, 172, 178-179, 192, 221, 228, 244, 246, 254, 268-269, 276, 283, 285, 290-292, 295-296, 299
다윈주의 38, 293, 297
단백질 143, 149, 151, 182-183, 185-187, 189, 229-233, 236, 248
단세포 진핵생물 197, 239, 247
단세포생물 93-94, 152, 176
단속평형설 137, 221, 293
대립유전자 123, 129-132, 182
더프리스, 휘호 118, 120, 124
도킨스, 리처드 248, 275, 295-296, 299
독립의 법칙 121
돌연변이 118-119, 124, 132, 138, 151, 188-190, 192-193, 199, 201-202, 210, 239, 296
동결된 우연 236
동물 17, 30, 34, 36, 70-74, 84, 99, 152, 153, 206, 210, 217, 218, 224, 237, 287, 296
동소적 종 분화 206
동위원소 146, 147
동일과정설 55, 110
되먹임 고리 234
DNA 143, 150-152, 182-185, 188-190, 222, 229, 231-233, 236, 292

### ㄹ

라마르크, 장 바티스트 29-31, 34, 88-89, 91, 96, 118, 125, 126, 222, 288
라이엘, 찰스 55, 110-111, 289, 297
라이트, 수얼 127, 294
리보솜 RNA 151
린네, 칼 폰 70-71, 85

### ㅁ

마이어, 에른스트 38, 133, 177-178, 214, 225, 267, 293-294, 299
매클린톡, 바버라 115, 136, 180, 188, 290, 292
맬서스, 토머스 108
멘델, 그레고어 115-122, 127, 130, 136, 152, 176, 180, 265, 270, 278, 290-292, 294
멘델집단 129, 130
멸종 35, 107, 111, 196, 206-207, 211, 220, 264, 287, 299
모건, 토머스 121-124, 127-128, 290
모듈식 구조 188-189

무성생식 199, 201-202
무작위 94-98, 112, 121, 125, 127, 130-132, 193, 200, 205, 265
물 20, 161-167, 233, 260, 266
물리학 120, 139-141, 145, 223, 263, 267, 293
물질대사 233-234, 266
미생물 10, 19-20, 167, 231, 276, 286
미싱링크 79, 80, 85
미토콘드리아 151, 165
밀러, 스탠리 230

## ㅂ

바이스만, 아우구스트 124-127, 290
박테리아 152, 166, 172, 237
반감기 146
반적응주의 222
발생 16, 19-20, 25, 75-76, 91, 126, 181, 185-186, 203, 208, 210-211, 260, 290
발생학 75, 210, 290
배아 75, 210
백악기 대절멸 240-241
변이 84, 104-107, 113, 117, 124-125, 132, 191-193, 199, 205, 208, 219-220, 294
변화를 동반한 계승 68, 70, 75
보수성 210-211
복잡계 223, 249
복잡성 28, 186, 199, 215, 233, 247-250
복제 25, 93-95, 162, 181, 184-186, 188-189, 191-193, 200, 219, 233
뵐러, 프리드리히 183
부모 10, 12, 20, 91-92, 94, 117, 184, 192
분기 68, 71-74, 77, 85, 107, 142, 149, 152, 217, 237
분리의 법칙 121
분자생물학 149, 183, 190, 210, 236
비글호 42, 45, 51-53, 55, 58-59, 269, 285, 289, 299

## ㅅ

사회생물학 296
산소 163-164, 168, 239, 266
삼엽충 166
삼첩기 153

상동기관 73, 85
상동염색체 122, 123, 129
생명의 공통조상(LUCA) 162, 233
생명의 역사 35, 51, 141, 148, 164, 169, 175-176, 220, 238, 244, 256, 263
생명체 10, 18, 21, 23-25, 27-29, 37, 48, 67, 68, 72, 88, 91, 105, 126, 127, 143-144, 148, 162, 165, 174-177, 182-185, 189-191, 193, 200-201, 204, 211-213, 216-217, 219, 222-224, 229-235, 237-240, 245, 247, 249-250, 257-267, 278-279, 286-288, 290
생물 종 15-17, 20, 27, 30-31, 35, 64-65, 68, 71, 221, 198, 286, 297
생물 집단 67, 128, 204
생물상 62, 65-66, 79
생물학 12, 15, 29, 47, 52, 76, 120, 123-124, 127, 129-130, 137, 139, 140-142, 149, 181-183, 186, 190, 196, 210, 221-222, 236, 289-291, 293, 296, 298
생식세포 91, 93, 121-127, 165, 192-193, 200-201, 203
생식적 격리 204, 205, 221
생식질 연속설 124, 126
생존 16, 49, 83, 102, 104-106, 111-112, 151, 162, 171-172, 190, 198-199, 219, 296
생태적 지위 87
선택압 151
세균 19, 20, 100, 142, 151-152, 162-165, 167, 175-176, 181, 184-187, 189, 191-192, 197, 199-202, 204, 213, 217, 224, 231, 237-238, 245, 250
수렴 49, 257, 262
수학 115, 120, 127, 130, 249
스팔란차니, 라차로 19
스팬드럴 223
시간 20, 22, 24, 29, 34-35, 37, 46, 49, 66-67, 78, 89, 93, 96-98, 106-108, 120, 124, 137-138, 142, 145-146, 150, 154, 157, 164, 169, 193, 202, 204-205, 212, 221, 245
시뮬레이션 230, 250, 263
시조새 80
식물 16, 30, 51, 62, 70, 85, 116-118, 152, 166, 167-168, 206, 217, 237
신다윈주의 38, 290

## ㅇ

아리스토텔레스 16-17, 29-30, 36-37
아미노산 143, 182-185, 190, 230-231, 235-236, 260
RNA 143, 151, 185, 233-234
암세포 188

암수 93, 121, 125, 165, 192, 196-197, 203-204, 212
양서류 62, 65, 75, 80-81
어류 62, 75, 80-81
에디아카라 동물군 153, 174
에디아카라기 153, 166, 209
에스컬레이터 29-30, 245
ATP 151, 234-235
에피쿠로스 25-26, 28, 101, 288
염기 182, 190, 231
염기 서열 143, 152, 182, 185, 188, 190, 222
염색체 116, 121-123, 125, 129, 182, 192, 200, 206, 290
염색체 지도 123, 290
오류 172, 188, 190-193, 199, 201, 206, 212-213
오스트레일리아 55, 62, 87, 153
오언, 리처드 73
오존층 168
외계 생명체(외계인) 256, 258, 266
요소(유레아) 130, 183, 222, 288
욕구 29, 89, 288
우라늄 146-147
우즈, 칼 152
운석 145-146, 175
원생동물 152
원자 25, 102, 121-122, 139-140, 142-143, 146, 156, 168, 232, 263, 267, 288
월리스, 앨프리드 47, 83, 297-298
윌리엄스, 조지 248, 299
윌슨, 에드워드 295-296
유기체 167
유대류 87
유성생식 130, 192-193, 197-204, 206, 290
유전 29-30, 49, 72, 89-92, 104, 113, 125-128, 192-193, 198-200, 206, 222, 290
유전 이론 91, 117, 119, 120, 124, 222
유전 정보 91, 122, 184, 189
유전 조합 193, 202
유전법칙(멘델) 122, 127, 130, 118-119, 292, 296
유전암호 143, 176, 182, 185, 229, 236
유전자 121-124, 127-134, 138-140, 151, 181-182, 187-188, 198, 202, 210-211, 235, 248, 290, 292-296, 299
유전자 부동 131

유전자 흐름 130, 295
유전자풀 129-132, 293
유전체 134, 151, 165, 188-190, 192, 199-200, 203, 221-222, 286, 290
이소적 종 분화 205
이주 35, 46, 65, 130-132, 205, 237, 294
인위선택 99

## ㅈ

자손 15, 23, 30, 91-92, 95, 98, 101, 105, 117-118, 126, 128, 184, 192, 204, 290
자연발생 19-20
자연선택 40, 47, 49, 83, 98-99, 103-108, 111-113, 116-118, 127, 132, 138, 151, 171, 190, 198-199, 204, 208-209, 214, 216, 219, 222-223, 233, 249, 290, 293-297
자연의 사다리 17, 29
자외선 161, 168
적응 21, 49, 86, 97, 104-107, 111-112, 198, 205, 207-208, 219, 222-223, 245, 261
적응주의 222-223
전사인자 210
전이인자 136, 188, 290
절대 나이 145-146
절지동물 166-168, 209
점진주의 221
정크 DNA 189
조류 62, 75, 80, 127, 166, 241
존재의 사슬 12-13, 15-16, 30
종 15, 20, 34, 38, 46-48, 57, 60, 62-64, 72, 87, 104, 107-108, 111, 118, 137, 150, 164, 169, 196, 198, 203-206, 208-209, 212, 216, 263, 286, 289, 293
종 분화 38, 67, 137, 205-206, 221, 293
《종의 기원》 47-48, 52, 60, 67, 108, 113, 117, 155, 171, 286, 294, 297, 299
죽음 25, 101-102, 196, 212-213
중간 종 31
중력 155, 159-160, 260
지구 23, 37, 68, 110, 133, 145-147, 156, 160-162, 164, 166-168, 174-176, 224, 230, 233, 237, 239-240, 243, 256-258, 260-261, 263-267, 276, 278, 286-287, 299
지적 생명체 259, 265
지질학 55, 110, 153, 174, 179, 221, 239, 289
《지질학 원리》 53, 55, 289
지층 34-35, 37, 134, 145, 153, 176

진정세균 152
진핵생물 122, 152, 165, 176, 185–192, 197–198, 200, 212–213, 217, 237, 239, 247, 264
진핵세포 165, 167, 187, 199, 217, 224, 228–229, 237–239, 244–245, 261
진화 이론, 진화론 29, 31, 34, 40, 47, 49, 55, 68, 72–74, 79, 81, 92, 113, 118, 124–127, 134, 139, 145, 172, 190, 214, 222, 288–291, 293–299
진화생물학 38, 137, 248, 293, 296
질서 247–248, 288
집단유전학 129, 140, 294

### ㅊ

창조설 24
창조자 21, 23–24, 208
척추동물 73, 168
초파리 121, 123, 210, 290

### ㅋ

카보베르데 제도 61–62, 64
카오스 249
카우프만, 스튜어트 249
카이랄성 143, 236
캄브리아기 166, 176, 209, 211, 218, 239
콘웨이, 존 196, 216, 249
퀴비에, 조르주 29, 34–37, 73, 77, 92, 288–289, 293
크렙스 회로 234–235
키메라 164

### ㅌ

탄소 146–147, 183, 234
태반 포유류 87
태양 10, 133, 146, 159–160, 258, 260
태양계 145, 156, 160, 258
톰슨, 윌리엄(켈빈 경) 145
특수화 248
틱타알릭 80–81

### ㅍ

파스퇴르, 루이 19–20
파충류 62, 65, 75, 80
판게네시스 가설 91
페르미, 엔리코 263–264
페름기 대절멸 240
페일리, 윌리엄 21–22
포식자 65, 100, 207
포유류 62, 65, 70, 75, 87, 153, 176, 208, 211, 241
프리고진, 일리야 249
플라스미드 192
피셔, 로날드 127, 294
핀치 60, 63–67, 84–85, 87–88, 96–97, 103, 106, 248, 280, 299

### ㅎ

하디–바인베르크 평형 130
항성 159–160, 237, 266
해밀턴, 윌리엄 297–298
해부학 34, 36, 73–74, 289
핵 122, 126, 165
핵산 143, 149, 183
핵융합 145, 159–160
헉슬리, 토머스 81, 83
헤켈, 에른스트 72, 75, 289
헨슬로, 존 51, 53, 58
현대 종합 이론 294
호모사피엔스 169
혹스 유전자 210–211
혼합 유전 117
홀데인, 존 127, 171, 294
화산 54, 61, 83, 175, 240
화석 27, 31, 34–35, 77–80, 85, 146–148, 150, 153, 172, 176, 209, 221, 241, 293
화석 종 31, 80, 153
환경 21, 29–30, 35, 54, 62, 66, 78, 86–87, 89, 92, 105–106, 111, 118, 146, 151–152, 164, 174–175, 205, 208, 211, 245, 248, 286, 288
환형동물 166
획득형질 29, 30, 90–91, 126, 222

**후성유전학** 222
**훔볼트, 알렉산더 폰** 51, 297
**흄, 데이비드** 9, 28, 288
**흔적기관** 74, 85

이 도서는 한국과학창의재단을 통해 기획재정부의 복권기금과
과학기술정보통신부의 과학기술진흥기금을 지원받아 제작된 도서입니다.

**에볼루션 익스프레스**
생명의 진화를 탐사하는 기나긴 항해

**초판 1쇄 발행** 2021년 2월 10일
**초판 5쇄 발행** 2024년 3월 27일

**지은이** 조진호
**감수** 장대익
**펴낸이** 이승현

**출판1 본부장** 한수미
**컬처 팀장** 박혜미
**디자인** 이세호

**펴낸곳** (주)위즈덤하우스 **출판등록** 2000년 5월 23일 제13-1071호
**주소** 서울특별시 마포구 양화로 19 합정오피스빌딩 17층
**전화** 02) 2179-5600 **홈페이지** www.wisdomhouse.co.kr

ⓒ 조진호, 2021

ISBN 979-11-91308-32-7 07400
     979-11-6220-987-5 (세트)

* 이 책의 전부 또는 일부 내용을 재사용하려면 반드시 사전에 저작권자와
  ㈜위즈덤하우스의 동의를 받아야 합니다.
* 인쇄·제작 및 유통상의 파본 도서는 구입하신 서점에서 바꿔드립니다.
* 책값은 뒤표지에 있습니다.